DIE IMMUNITÄTSFORSCHUNG

ERGEBNISSE UND PROBLEME
IN EINZELDARSTELLUNGEN

HERAUSGEGEBEN VON
PROF. DR. R. DOERR
BASEL

BAND VII

DIE ANAPHYLAXIE

II

IMMUNITÄTSREAKTION UND ENDOGENE VERGIFTUNG

WIEN
SPRINGER-VERLAG
1951

DIE ANAPHYLAXIE

II
IMMUNITÄTSREAKTION UND ENDOGENE VERGIFTUNG

VON

R. DOERR
BASEL

MIT 6 TEXTABBILDUNGEN

WIEN
SPRINGER-VERLAG
1951

ISBN 978-3-211-80210-6 ISBN 978-3-7091-7791-4 (eBook)
DOI 10.1007/978-3-7091-7791-4

SOFTCOVER REPRINT OF THE HARDCOVER 1ST EDITION 1951

Inhaltsverzeichnis.

Prolegomena.

Um einen rationalen Ausgangspunkt für die Erörterung des Problems des Mechanismus der anaphylaktischen Reaktionen zu gewinnen, kann man eine Antithese wählen, die hier in Form von zwei Zitaten wiedergegeben werden soll.

In seinem allgemein bekannten Werk "The chemical aspects of immunity" (1925, S. 208) schreibt G. H. WELLS: "... we cannot escape the fact that the manifestations of anaphylactic shock resemble in all respects those of an acute intoxication".

R. DOERR (1929b, S. 747) hingegen meint, „daß die fast inkubationslose Kontraktion des glatten Uterusmuskels sensibilisierter Meerschweinchen, wenn er mit Antigen in Berührung kommt (Schultz-Dale-Test), den Eindruck erwecken muß, daß die Vermittelung eines Giftes zwischen Antigen-Antikörper-Reaktion und Reizeffekt ein überflüssiges hypothetisches Element darstellt und daß ein physikalischer Prozeß völlig ausreichen würde, um die Reizfolge zu erklären".

Nun liegt die Sache so, daß den anaphylaktischen Reaktionen eine Antigen-Antikörper-Reaktion zugrundeliegen muß. Die Tatsache, daß der aktiv anaphylaktische Zustand durch die Wirkung typischer Eiweißantigene zustande kommt und jene Spezifität zeigt, welche die Antigen-Antikörper-Reaktionen in vitro auszeichnet, die passive Anaphylaxie und die Möglichkeit einer spezifischen Desensibilisierung lassen darüber keinen Zweifel aufkommen. Die Antigen-Antikörper-Reaktionen sind aber keine chemischen, sondern physikalische Vorgänge und die Auffassung, daß ihre pathologische Auswirkung durch vorher nicht vorhandene Gifte vermittelt wird, schließt daher die Verpflichtung in sich, den Zusammenhang zwischen dem physikalischen Prozeß und dem Auftauchen eines Giftes, das ein chemisches Geschehen andeutet oder anzudeuten scheint, befriedigend aufzuklären.

In parenthesi sei bemerkt, daß die vorstehenden Ausführungen auch dann Gültigkeit hätten, wenn sich an den anaphylaktischen Reaktionen das Komplement beteiligen würde. Im Gegensatz zu seinen früheren Angaben [s. R. DOERR (1947), S. 20] hat später F. HAUROWITZ und MUTAHHAR YENSON (1943) festgestellt, daß Immunpräzipitate durch Komplementbindung eine Gewichtszunahme erleiden und hielt sich auf Grund dieser Feststellung für berechtigt, den ebenso oft behaupteten wie bestrittenen Fermentcharakter des Komplementes einmal mehr als wahrscheinlich hinzustellen. Abgesehen davon, daß es sich hier um eine unbewiesene Annahme handelt, würde auch die Fermentwirkung des Komplementes, wie schon betont, das diskutierte Problem nicht tangieren. Denn das Komplement ist eben an den anaphylaktischen Reaktionen nicht maßgebend beteiligt, und der Versuch, die zwingenden Argumente für diese negative Feststellung einfach beiseite zu schieben [Louis Schwab und Mitarbeiter (1950)], wurde bereits in der ersten Hälfte der Monographie über die Anaphylaxie (s. S. 92 f.) zurückgewiesen. Es besteht somit für alle Gifttheorien das Postulat, die Kluft zwischen dem physikalischen Charakter der Antigen-Antikörper-Reaktion und der Entstehung eines chemisch definierten Giftes zu überbrücken.

Diese Überbrückung wurde zunächst in räumlichem Sinne angestrebt, indem man die Toxogenese an die Zellen verlegte, welche im anaphylaktischen Insult reagieren. Die Reaktion zwischen Antigen und Antikörper sollte „*zellständig*" sein, d. h. eine der Komponenten sollte sich im Momente der Zuführung der anderen bereits am Orte der Giftbildung befinden. Als Gifte, welche in Betracht kommen, nimmt nämlich die Forschung Stoffe an, die in Zellen der Schockgewebe vorkommen, sei es als solche, sei es in Form leicht transformierbarer Vorstufen, in erster Linie Histamin oder histaminähnliche Substanzen, oder nach D. Danielopolu (1943) Acetylcholin. Maßgebend für diese Wahl war neben der Möglichkeit ihrer Isolierung aus normalen Geweben [C. A. Best, H. H. Dale, H. W. Dudley und W. V. Thorpe (1927)] die pharmakodynamische Ähnlichkeit mit dem Symptomenbild des anaphylaktischen Schocks und in späteren Phasen dieser wissenschaftlichen Richtung auch der Nachweis ihres Auftretens bzw. ihrer Zunahme im Blute der anaphylaktisch reagierenden Versuchstiere.

Die Zellständigkeit der anaphylaktischen Antigen-Antikörper-Reaktionen, die man wohl als Basis aller Gifthypothesen zu betrachten hat, kann sich zu ihren Gunsten auf die von zahlreichen Autoren und an verschiedenen Versuchstieren festgestellte Tatsache berufen, daß die Konzentration des im strömenden Blute nachweisbaren Antikörpers für die Stärke der auslösbaren Reaktionen nicht maßgebend ist und zu dieser oft genug in striktem Gegensatz steht. Anderseits ist jedoch gerade die Lehre von der Zellständigkeit mit manchen Widersprüchen belastet. Die Schockgewebe sind bei verschiedenen Tierarten verschieden. Beim Meerschweinchen z. B. wird das pathologische Geschehen fast zur Gänze durch Kontraktionen der glatten Muskeln bestimmt, wenigstens insofern, als man den akuten Schock dieser Tierspezies ins Auge faßt. Wenn wir nun auch über den Ort der Antikörperproduktion noch immer keine zuverlässige Auskunft geben können, ist es doch im höchsten Grade unwahrscheinlich, daß die Antikörperproduktion in den glatten

Muskeln stattfindet; sie müßten also am entfernten Ort entstehen und sekundär an glatte Muskeln gebunden werden, und noch dazu nur beim Meerschweinchen; denn wenn sich bei anderen Tierarten ebenfalls glatte Muskeln an der Pathogenese des Schocks beteiligen, sind es doch glatte Muskeln anderer Organe, der Lunge, der Leber, der Gefäße, es ist mit anderen Worten wohl das Schockgewebe unter Umständen das gleiche, die Schockorgane aber sind verschieden. Selbstverständlich kann man die durch Artzugehörigkeit bedingte Verschiedenheit der Schockgewebe und Schockorgane nicht dadurch erklären, daß sie mit den Angriffspunkten der Schockgifte Histamin oder Acetylcholin mehr oder minder vollständig übereinstimmt; denn das primum movens, der Anlasser der Giftliberierung muß ja die Antikörperreaktion sein. Da man die anaphylaktischen Reaktionen auch an isolierten Organen, z. B. an der Lunge, am Uterushorn oder den Darm sensibilisierter Meerschweinchen, an der Leber präparierter Hunde usf. durch Antigenkontakt auszulösen vermag, muß sich der Antikörper schon an der für die artspezifische pathologische Reaktionsform maßgebenden Stelle befinden. Es bleibt also anscheinend dabei, daß der an anderer Stelle entstandene Antikörper bei verschiedenen Tierspezies an differenten Stellen verankert wird, oder vorsichtiger ausgedrückt, daß nur bestimmte Fixierungen das symptomatologische Gepräge der für die betroffene Spezies charakteristischen Reaktionsform bestimmen.

Nicht genug an dem kennt man ja nicht nur eine aktive, sondern auch eine passive Anaphylaxie, welche symptomatologisch von der aktiven der gleichen Tierart nicht abweicht, gleichgültig, von welchem Tier das passiv präparierende Immunserum stammt. Der passiv zugeführte Antikörper muß also sofort oder nach einer kurzen Latenzzeit zu den Geweben und Organen hinfinden, welche die für die Tierart typische Reaktion ermöglichen, und daß er daselbst fixiert wird, geht wieder aus der Reaktivität isolierter Organe und Organteile hervor sowie aus der Tatsache, daß im Bereiche der heterologen passiven Anaphylaxie die Provenienz des Immunserums nicht gleichgültig ist, indem in manchen Fällen das Immunserum einer Spezies A eine andere Spezies B nicht zu präparieren vermag, weil die Fixierung am geeigneten Ort ausbleibt [R. Doerr, Anaphylaxie I, 1950, S. 62].

Das passiv anaphylaktische Experiment kann so abgeändert werden, daß man die Reihenfolge der Zufuhr der Reaktionskomponenten umkehrt, indem man zuerst das Antigen und dann das antikörperhaltige Immunserum injiziert. Bei dieser Inversion sollte sich das körperfremde Antigen am richtigen, für die spezies-spezifische Reaktion maßgebenden Orte befinden, wenn es zu einer zellständigen, die Giftbildung einleitenden Antigen-Antikörper-Reaktion kommen soll; und da es sich um eine Substanz handelt, die nicht im Organismus des Versuchstieres entstanden sein kann, sieht man ein, daß auch im aktiv anaphylaktischen Experiment die Verankerung des homologen Antikörpers nicht an den Ort seiner Entstehung gebunden sein muß. Was man sich unter der „Bindung“ des Antikörpers im passiv anaphylaktischen Versuch und des Antigens bei der Umkehrung desselben vorzustellen hat, ist zur Zeit problematisch; um eine Aufnahme der hochkolloiden Stoffe in das Innere der reagierenden Zellen kann es sich aber nicht handeln. Der intracelluläre Sitz einer Reaktionskomponente kommt nur dann in Betracht, wenn man Krankheitserscheinungen durch Injektion von Antiserum auslöst, das durch Immunisierung mit den Zellen des Versuchstieres gewonnen wurde; solche Wirkungen cytotoxischer Immunsera rechnet man aber nicht zu den anaphylaktischen Phänomenen, deren wesentliches Kriterium es ist, daß keine der beiden Reaktionskomponenten, weder das Antigen noch der Antikörper, schon im Organismus vorhanden ist, sondern daß sie von außen zugeführt bzw. neu produziert werden. Demgemäß gehören auch die dem anaphylaktischen Schock ähnlichen Erscheinungen, die man beobachtet, wenn man einem Meerschweinchen das von einem Kaninchen gewonnene, gegen das Forssmansche Antigen gerichtete Immunserum intravenös injiziert, nicht in den Kreis der anaphylaktischen Phänomene, da sämtliche Gewebe des Meerschweinchens das bezeichnete Antigen enthalten. Bemerkenswert ist die von William W. Redfern (1926) festgestellte Tatsache, daß der Uterus normaler Meerschweinchen nicht mit einer Kontraktion reagiert, wenn man in der Schultz-Daleschen Versuchsanordnung Anti-Forssman-Serum auf ihn einwirken läßt. Doch wäre hier zu bedenken, daß der schockartige Tod der Meerschweinchen, welchen man Anti-Forssman-Serum vom Kaninchen intravenös einspritzt, im Gegensatz zum echten anaphylaktischen Schock nicht auf einer brüsken Kontraktion der glatten Muskeln beruht, sondern wahrscheinlich, wie das auch Redfern ausführt, auf einer plötzlich erhöhten Permeabilität der Endothelien. Es würde sich also um ein anderes Schockgewebe handeln und das Ausbleiben der Uteruskontraktion im Schultz-Dale-Test beim Kontakt mit Anti-Forssman-Serum wäre dann durchaus verständlich.

Redfern hat aber auch andere Versuche angestellt, welche dem Typus der inversen Anaphylaxie entsprechen. Er injizierte Meerschweinchen mit Pferdeserum und prüfte den Uterus 24 Stunden später im Schultz-Dale-Test auf seine Empfindlichkeit gegen den Kontakt mit Antipferdeserum mit negativem Erfolg, obzwar die Versuchsanordnung einer inversen Anaphylaxie entsprach und die inverse Anaphylaxie auch an Meerschweinchen von C. E. Kellet (1935) sowie von H. Zinsser und J. F. Enders (1936) nachgewiesen wurde. Redfern bekam aber auch am intakten Tier mit der Inversion nur negative Resultate, so daß das Versagen des Uterustestes im Einklang zum Mißglücken der Inversion in vivo stand. Ich weiß nicht, ob das Versagen des Uterustestes in gelungenen Inversionsexperimenten von anderer Seite nachgeprüft wurde. Sollte dies bisher nicht geschehen sein, so wäre die bestehende Lücke jedenfalls auszufüllen. Denn wir sind auf anderem Wege zu dem Schlusse gekommen, daß auch für die Inversion eine vorausgehende Verankerung einer Reaktionskomponente an das speziesspezifische Schockgewebe anzunehmen ist, wenn eine zellständige Reaktion zustande kommen soll; die Analyse der invers induzierten Serumkrankheit [E. A. Voss (1937, 1938)] hat diesen Schluß bestätigt [s. R. Doerr, Anaphylaxie I, 1950, S. 72ff].

Resümiert man die vorstehenden Ausführungen über die Zellständigkeit der die anaphylaktischen Krankheitserscheinungen verursachenden oder einleitenden Antigen-Antikörper-Reaktionen, so ergeben sich folgende experimentell hinreichend begründete Schlußsätze:

1. Eine der beiden Reaktionskomponenten muß sich vor der Zufuhr der zweiten bereits an den Zellen des Schockgewebes befinden, wobei es vorläufig unklar ist, wie man sich die Bindung an die Zellen des Erfüllungsortes vorzustellen hat.

2. Bei der aktiven und bei der passiven Anaphylaxie ist es der Antikörper (das Immunglobulin), welches an die Schockgewebe primär verankert wird. Die Natur der Schockgewebe sowie der Umstand, daß nicht nur für die aktive sondern auch für die passive Anaphylaxie eine vorausgehende Antikörperbindung anzunehmen ist, beweist, daß die Bindung nicht an dem Orte der Antikörperproduktion erfolgt bzw. erfolgen muß.

3. Bei der heterologen passiven Anaphylaxie (Immunserum einer Spezies A, zu präparierendes Tier einer Spezies B) kann die Bindung des körperfremden Immunglobulins in bestimmten Kombinationen aus unbekannten Gründen regelmäßig ausbleiben d. h. das Versuchstier wird nicht anaphylaktisch.

4. Bei der inversen Anaphylaxie beruht das positive Resultat auf einer vorausgehenden Bindung des körperfremden Antigens, eines hochmolekularen Eiweißkörpers, an die Zellen des Schockgewebes. Es ist bisher nicht im notwendigen Umfang festgestellt worden, ob alle Eiweißantigene an die Schockgewebe der anaphylaktisch reaktionsfähigen Tiere gebunden werden können oder ob es hier wie bei der heterologen passiven Anaphylaxie negative Kombinationen gibt, was jedenfalls wahrscheinlicher ist. Das heterologe Immunglobulin ist ja auch nichts anderes als ein körperfremdes Eiweißantigen.

Die Zellständigkeit der Antigen-Antikörper-Reaktionen wurde als logisches Postulat der verschiedenen Gifthypothesen hingestellt. Doch ist dies nicht so aufzufassen, als ob aus den Argumenten, welche für die Zellständigkeit sprechen, schon die Richtigkeit des Grundgedankens der Gifttheorien abgeleitet werden könnte. Die Zellständigkeit der Antigen-Antikörper-Reaktion könnte auch dann eine Notwendigkeit darstellen, wenn sie selbst und nicht die Entstehung eines Giftes die Ursache des pathologischen Geschehens wäre, vorausgesetzt, daß sich der humorale Ablauf sicher ausschließen läßt. Diese Voraussetzung darf man als bewiesen betrachten, denn das aktiv anaphylaktische Experiment gibt beim Meerschweinchen, bei der Maus und anderen Tierarten positive Resultate, auch wenn die produzierten Antikörper längst aus der Blutzirkulation geschwunden sind.

Es wurde hier (s. S. 4) die Auffassung vertreten, daß die Reaktionen, die eintreten, wenn man einem Meerschweinchen Anti-Forssman-Serum vom Kaninchen intravenös injiziert, nicht zu den anaphylaktischen Phänomenen zu rechnen sind, weil das Antigen schon in den Zellen des normalen Meerschweinchens in großen Mengen vorhanden ist und nicht von außen zugeführt wird. Es ist merkwürdig, daß die gegenseitige Auffassung gerade von eifrigen Anhängern der Histaminhypothese verfochten wird, z. B. von Bram Rose (1947, S. 548), obwohl gezeigt werden konnte, daß im Laufe der bezeichneten Reaktion kein Histamin im Blute nachzuweisen ist [A. Grana und P. Recarte (1945)]. Wenn Br. Rose a. a. O. meint, es handle sich doch um eine Form der Anaphylaxie, obwohl das Antigen im Organismus des Meerschweinchens bereits als natürlicher Gewebsbestandteil vorkommt, so ist eine solche Laxheit der Begriffsbildung nicht zu billigen. Mit gleichem Rechte könnte man auch die Immun-Hämolyse oder die Lähmung und Abtötung von Paramaecien durch Antiparamaecien-Serum der Anaphylaxie zurechnen.

Wenn es nun richtig ist, daß bei den legitimen anaphylaktischen Reaktionen entweder der Antikörper oder das Antigen zellständig sein muß, bevor die andere Reaktionskomponente den Schockgeweben zugeführt wird, müssen wir mit Rücksicht auf die Wirkungen des Anti-Forssman-Serums auf das Meerschweinchen zugestehen, daß es zwei voneinander streng zu scheidende Formen der „Zellständigkeit" gibt, nämlich die sekundäre Bindung *an* die Zellen und das Vorhandensein *in* den Zellen als normaler Baustein derselben (sofern man bloß das Antigen berücksichtigt). Im zweiten Fall erscheint ein vermittelndes Schockgift a priori als überflüssig und es wurde bereits oben erwähnt, daß bei der Wirkung des Anti-Forssman-Serums auf das Meerschweinchen tatsächlich kein Auftreten von Histamin im Blute konstatiert werden konnte, wie ja auch die Schädigung der Paramaecien durch Antiparamaecienserum oder die Immunhämolyse ohne vermittelndes Zellgift ablaufen. Im ersten Fall kann die Bindung nur in einer Anlagerung an die Oberfläche der Zellen bestehen und die Antigen-Antikörper-Reaktion muß daher hier ablaufen, ein Schluß, welchen R. Doerr 1925 mit der Bezeichnung „Membranhypothese" zu charakterisieren suchte, womit eben nur der Ort der auslösenden Antigen-Antikörper-Reaktion festgestellt und die Tatsache dem Verständnis näher gebracht werden sollte, daß ein an solcher Stelle abrollender physikalischer Vorgang als Reiz auf die Zellen der Schockgewebe wirken kann. DOERR (1929b, S. 747 f.) hat aber die Natur dieses Vorganges nicht genauer angegeben, sondern nur in Anlehnung an H. H. DALE (1920) auf die Möglichkeit einer Störung der Lösungsbedingungen der Zellkolloide hingewiesen. Diese Unbestimmtheit trug wohl die Schuld, daß die Membranhypothese keine Beachtung fand und daß die Gifttheorien vollständig in den Vordergrund traten. Das Bedürfnis nach Konkretisierung wurde eben durch die Annahme von chemisch wohl definierten Schockgiften in weit höherem Grade befriedigt. Erst in neuerer Zeit wurde die Membranhypothese von F. SEELICH (1948) wieder aufgegriffen, welcher in dem Punkte mit R. DOERR übereinstimmte, „daß sich die Verlegung des Ortes der anaphylaktischen Antigen-Antikörper-Reaktion in die Grenzschichten der Zellen einer Inkonsequenz schuldig machen würde, wenn sie zu einem vermittelnden Gift ihre Zuflucht nehmen und die weit wahrscheinlicheren physikalischen Veränderungen als belanglos betrachten würde“ (R. DOERR, 1929b, S. 747).

F. SEELICH geht davon aus, daß die Reaktion zwischen Antigen und Antikörper auf der Affinität von Molekülgruppen beruht, die eine Ladung tragen. Derartige Molekülgruppen sind hydratisiert, d. h. von einer Hülle mehr oder minder festgebundenen Wassers umgeben; bei der gegenseitigen Absättigung dieser Gruppen findet eine Dehydratation und infolgedessen eine Erhöhung der Oberflächenenergie bzw. der Grenzflächenspannungen jener Zellstrukturen statt, an welchen die zellständige Antigen-Antikörper-Reaktion abläuft. Eine solche Dehydratation könne daher bei kontraktilen Elementen zu einer passiven Kontraktion führen, nach Art der Zusammenziehung eines Gelatinegels bei der Einwirkung von Formaldehyd. F. SEELICH und K. NIESSING (1940) konnten diese Kontraktion in einem Modellversuch an den plasmatischen Hüllen der Bindegewebsbalken im Netz sensibilisierter Meerschweinchen mikroskopisch nachweisen, wenn sie auf das Netz Antigen aufbrachten. SEELICH betont zwar, daß diese Kontraktion der Hüllen der Netzbalken nicht ohne weiteres der Kontraktion glatter Muskelfasern im SCHULTZ-DALEschen Versuch gleichgesetzt werden könne, aber die ganze Argumentation läuft schließlich darauf hinaus, daß man die Muskelkontraktion im anaphylaktischen Schock des Meerschweinchens auch ohne das Freiwerden von Histamin erklären und auf kolloidchemische Prozesse zurückführen kann; auch entspreche die Histaminvergiftung hinsichtlich der Einwirkung auf die Gewebselemente nicht der primären anaphylaktischen Zustandsänderung. SEELICH anerkennt a. a. O., daß es noch viel Arbeit erfordern werde, bis man den anaphylaktischen Reaktionsablauf in allen seinen Einzelheiten klargestellt haben würde. Die vorstehenden Ausführungen von F. SEELICH sind einem Vortrage entnommen, welcher am 28. Mai 1948 in der Gesellschaft der Ärzte in Wien gehalten wurde. Seither und wohl auch schon etwas früher hat sich manches geändert, und manche experimentellen Ergebnisse, welche SEELICH als völlig gesichert betrachtete, wie z. B. die Angaben von L. PAULING über die Darstellung von Antikörpern in vitro [vgl. R. DOERR (1949), S. 2f.] stellen sich heute in ganz anderem Lichte dar.

Wenn nun hier versucht werden soll, den gegenwärtigen Stand von Forschung und Lehre übersichtlich darzustellen, scheint es dem Verfasser zweckmäßig, zunächst die Gifttheorien auf ihre Stichhaltigkeit und besonders auch auf den Umfang ihres potentiellen Geltungsbereiches so objektiv als es dem Einzelnen möglich zu prüfen, um schließlich zu sehen, wie sich heute das Situationsbild im Ganzen abzeichnet.

I. Die Histaminhypothese.

Es existiert eine Reihe zusammenfassender Darstellungen dieses Problems, welche die umfangreiche Literatur mehr oder minder vollständig berücksichtigen, so von W. FELDBERG (1941), C. F. CODE (1944), M. ROCHA E SILVA (1944), J. BRONFENBRENNER (1944, 1948), C. A. DRAGSTEDT (1945), B. ROSE (1946, 1947), S. M. FEINBERG (1946), W. A. SELLE (1946), wozu schließlich noch die kurzen Ausführungen im ersten Teil der „Anaphylaxie“ [R. DOERR, 1950, S. 117f.] kommen, sowie die Arbeiten von DANIELOPOLU [monographisch zusammengefaßt in D. DANIELOPOLUS „Phylaxie-Paraphylaxie“ (1946)], der zwar auch auf dem Boden der Gifttheorie steht, aber nicht das Histamin als das „anaphylaktische Gift“ anerkennt, sondern dem Acetylcholin diese Rolle zuweist.

Mit Ausnahme von R. DOERR und D. DANIELOPOLU sind die zitierten Autoren bemüht, dem Histamin eine dominierende Rolle bei der Pathogenese des anaphylaktischen Syndrons zuzuweisen.

Daß durch die auslösende Antigen-Antikörper-Reaktion tatsächlich eine Substanz mit histaminähnlicher Wirkung aus den Geweben freigemacht wird und in das Blut der Versuchstiere übertritt, wurde im Jahre 1932 von BARTOSCH, FELDBERG und NAGEL am Meerschweinchen und von DRAGSTEDT und GEBAUER-FUELNEGG am Hunde nachgewiesen. DRAGSTEDT und GEBAUER-FUELNEGG begnügten sich damit, eine Zunahme der histaminähnlichen Substanz („H-Substanz“ nach der von Th. LEWIS vorgeschlagenen Bezeichnung) im Blute anaphylaktisch reagierender Hunde nachzuweisen, ohne auf den Ort der Histaminliberierung speziell Rücksicht zu nehmen. Weit wichtiger waren die Versuche von BARTOSCH, FELDBERG und NAGEL (1932a), welche ergaben, daß in der isolierten, von Tyrodelösung durchströmten Lunge des sensibilisierten Meerschweinchens, also im Schockorgan dieser Tierspezies, Histamin frei wird, wenn man zur Perfusionsflüssigkeit das Antigen, mit welchem das Meerschweinchen präpariert worden war, zusetzt. Da die Gefäße der Lunge vor dem Zusatz des Antigens mit Tyrodelösung durchspült wurden, konnten die histaminoiden Substanzen, welche nach dem Antigenzusatz im Perfusat auftraten, nur aus dem Gewebe der Lunge stammen. Da aber durch die gleiche Versuchsanordnung bekanntlich auch eine Blähung und Immobilisierung der geblähten Lunge zustandekommt [W. H. MANWARING und Y. KUSAMA (1917), P. NOLF und M. ADANT (1946)], konnte man im Zweifel sein, ob das Freiwerden der H-Substanz durch die Antigen-Antikörper-Reaktion verursacht wird oder durch die anatomischen Veränderungen in der Lunge. Gegen diese Möglichkeit haben sich BARTOSCH und seine Mitarbeiter durch geeignete Kontrollversuche geschützt. Die Frage, ob die im Perfusat nachweisbare Substanz Histamin war, konnte nicht mit Sicherheit beantwortet werden, da eine chemische Identifizierung mangels geeigneter Methoden nicht stattfand, sondern lediglich eine biologische Agnoszierung auf Grund der Feststellung der pharmakodynamischen Wirkungsqualitäten angestrebt wurde. Als biologische Kriterien wählten BARTOSCH, FELDBERG und NAGEL die kontraktionserregende Wirkung auf den Meerschweinchendarm, die blutdrucksenkende und die adrenalinabsondernde Wirkung. Br. ROSE konnte noch im Jahre 1947 konstatieren, daß die meisten Untersuchungen über das Histamin und seine Bedeutung für die anaphylaktischen und allergischen Phänomene mit dieser Unsicherheit der Beweisführung behaftet sind. Da, wie Br. ROSE a. a. O. ausführt, kaum ein Organ oder Gewebe existiert, welches nicht in irgend einer Weise auf Histamin reagiert, ist es begreiflich, daß sich die Meinungen der Autoren über die Zahl und Art der für die biologische Feststellung von Histamin notwendigen und hinreichenden Eigenschaften nicht vollkommen decken. Br. ROSE (1947, S. 546) bezeichnet vier pharmakodynamische Hauptkriterien als hinreichend, nämlich die kontraktionserregende Wirkung auf den glatten Muskel, die dilatierende Wirkung auf die Kapillaren und Venen der meisten Tierarten und beim Menschen auch auf die Arteriolen, die Steigerung der Permeabilität der Kapillarwandungen und die mächtige Steigerung der Drüsensekretion. Es ist aber sehr fraglich, ob ein vollständiger, jede Verwechslung ausschließender biologischer Steckbrief des Histamins geschrieben werden kann, da es viele Stoffe mit ähnlichen Wirkungsqualitäten gibt und da außer der Natur der Substanzen auch ihre Konzentration in dem vorgelegten Substrat, Verbindungen mit anderen Substanzen, gleichzeitiges Vorkommen anderer pharmakodynamisch ähnlicher Substanzen in Betracht kommen. Schon mit Rücksicht auf die später zu besprechende Theorie von D. DANIELOPOLU sei erwähnt, daß BARTOSCH, FELDBERG und NAGEL daran gedacht haben, daß der in der Lunge des Meerschweinchens frei werdende Stoff nicht Histamin, sondern Acetylcholin sein könnte. Sie glaubten zwar diese Annahme ausschließen zu dürfen, weil Acetylcholin zwar ebenfalls kontraktionserregend auf den Darm und blutdrucksenkend wirkt, weil aber die blutdrucksenkende Wirkung durch Atropin aufgehoben wird und weil die blutdrucksenkende Wirkung an der nicht atropinisierten Katze viel stärker sein müßte als festgestellt werden konnte. Diese Ausführungen sind aber nicht sehr überzeugend, was eben daran liegt, daß die biologische Agnoszierung in solchen Grenzfällen naturgemäß unsicher wird.

In der Wahl des Schockorgans als Versuchsobjekt (in den Meerschweinchenversuchen von BARTOSCH und Mitarbeitern der Lunge) ist implicite der Gedanke enthalten, daß im Schockorgan besonders günstige Verhältnisse für die rasche und dynamisch ausreichende Liberierung von Histamin bestehen dürften. In dem Referat von BRAM ROSE kommt dieser Gedanke in der Feststellung zum Ausdruck, daß Histamin zwar in den meisten tierischen Geweben nachgewiesen wurde, in den Schockorganen wie in der Lunge des Meerschweinchens und in der Leber des Hundes aber in größerer Menge. Aber diese Feststellung gilt nicht ausnahmslos, weder für die Fähigkeit der verschiedenen Tierarten anaphylaktisch zu reagieren noch für den Parallelismus zwischen dem Histaminreichtum der Gewebe und ihrer Beteiligung an den anaphylaktischen Symptomen.

So ist nach den Untersuchungen von J. DEKANSKI (1945) die Haut der Maus besonders reich an Histamin. Nun lassen sich weiße Mäuse relativ leicht mit verschiedenen Antigenen aktiv präparieren und die anderen anaphylaktischen Versuchsanordnungen wie die homologe und heterologe passive sowie die inverse Anaphylaxie gaben ebenfalls positive Resultate [O. SCHIEMANN und H. MEYER (1926), J. MEHLMAN und B. C. SEEGAL (1934), R. S. WEISER, O. J. GOLLUB und D. M. HAMRE (1941)] A. H. WHEELER, E. M. BRANDON und H. PETRENCO (1950). Ph. D. McMASTER und HEINZ KRUSE (1949) konnten durch mikroskopische Beobachtungen feststellen, daß an den Ohren und Klauen sensibilisierter Mäuse nach intravenöser Erfolgsinjektion des Antigens Kontraktionen der Arterien und Venen eintreten, welche wahrscheinlich als die Ursache des schweren oder letalen Schocks zu betrachten sind, obzwar das Gefäßgebiet, welches für die letale Auswirkung dieser Veränderungen maßgebend ist, noch nicht ermittelt werden konnte. Aber der Reichtum der Haut an Histamin kann für diese Wirkungen nicht verantwortlich gemacht werden, weil die Maus hinsichtlich ihrer Empfindlichkeit gegen Histamin auf der untersten Stufe der Säugetiere steht und weil Histamin, unmittelbar vor oder nach dem Antigen injiziert, die anaphylaktische

Reaktion nicht verstärkt [S. M. PERRY und M. L. DARSIE (1946)]. Wohl gewährt Pyribenzamin einen gewissen Schutz gegen den anaphylaktischen Schock der Maus, aber nicht, weil es die Histaminvergiftung antagonistisch beeinflußt, da diese durch Pyribenzamin erheblich verstärkt wird, sondern wegen irgendeiner noch unbekannten Eigenschaft des Pyribenzamins [R. L. MAYER und D. BROUSSEAU (1946)]. Es besteht daher kein Zweifel, daß der hohe Histamingehalt der Haut der Maus für die anaphylaktischen Reaktionen dieses Tieres belanglos ist. — Der von H. KWIATKOWSKI (1943) nachgewiesene hohe Histamingehalt der peripheren sensiblen Nerven ist für die pathogene Auswirkung der anaphylaktischen Reaktionen wohl ebenfalls irrelevant. — Wenn man also bei verschiedenen Tierspezies den Histamingehalt des Blutes und der Gewebe quantitativ bestimmen würde, so könnte man, wenn sonst nichts bekannt wäre, aus solchen Vergleichsziffern die Schockorgane nicht herauslesen. Die experimentelle Forschung mußte jedoch naturgemäß den umgekehrten Weg gehen, sie mußte zuerst die anaphylaktisch reagierenden Tierspezies und ihre Schockorgane, die ersteren empirisch, die Schockorgane durch die physiopathologische Analyse der Erscheinungen, feststellen. Eine quantitative Histaminbestimmung[1] setzte erst nach dem Ausbau einer geeigneten Methodik durch G. S. BARSOUM und J. H. GADDUM (1935) und C. F. CODE (1937) ein, also zu einer Zeit, als die von H. H. DALE und P. P. LAIDLAW (1910) vorgeschlagene Hypothese der Histaminliberierung schon seit mehr als zwei Dezennien vorlag und von vielen Autoren akzeptiert worden war. Dieser Entwicklungsgang brachte es mit sich, daß die Resultate der quantitativen Histaminbestimmungen zum Teile einseitig im Sinne der Liberierungshypothese bewertet werden. Das Histamin findet sich aber in allen Organen (mit Ausnahme des Zentralnervensystems) sowie im Blute der meisten Tiere, so daß sein Vorkommen in den bereits bekannten Schockorganen keine besondere Beweiskraft hatte. Wichtig ist nur die Beantwortung der Frage, ob das vorhandene Histamin im anaphylaktischen Schock tatsächlich in den Schockorganen frei gemacht wird, und wenn dies bejaht wird, ob die frei werdenden Mengen groß genug sind, um schwere Erscheinungen oder den Exitus zu verursachen. Für das Meerschweinchen konnten R. BARTOSCH, W. FELDBERG und E. NAGEL (1932b) beide Fragen in positivem Sinne beantworten, und zwar ohne chemische Methoden anzuwenden. Sie fingen die aus den Lungenvenen der isolierten Lunge eines sensibilisierten Meerschweinchens nach dem Zusatz des Antigens austretende Perfusionsflüssigkeit auf und leiteten dieselbe durch die isolierte Lunge eines normalen Meerschweinchens mit dem Resultat,

[1] Genaue Angaben über die chemische und biologische Bestimmung des Histamins und der Imidazolderivate findet man bei M. GUGGENHEIM (1940 S. 406 bis 414).

daß die anaphylaktische Lungenstarre eintrat. Es wurde somit der pathologische Vorgang, an dem das Meerschweinchen im akuten Schock verendet, humoral übertragen und gleichzeitig der Beweis erbracht, daß genügende Mengen des histaminähnlichen Stoffes im Schockorgan frei werden, um das letale Symptom hervorzurufen. C. F. CODE hat dieses Ergebnis 1939 auf dem exakteren Wege der quantitativen Histaminbestimmung bestätigt.

Beim Hunde aber, dem zweiten experimentellen Eckpfeiler der Histamintheorie, sind die Verhältnisse keineswegs so befriedigend aufgeklärt wie beim Meerschweinchen. Es wird zwar allgemein angenommen, daß die Leber als das Schockorgan dieser Tierart zu betrachten ist, womit eine essentielle Bedingung der experimentellen Analyse des Schockmechanismus erfüllt wäre; aber es liegen Berichte von E. T. WATERS und J. MARKOWITZ (1940) sowie von E. T. WATERS, J. MARKOWITZ und L. B. JACQUES (1938) vor, wonach hochgradig sensibilisierte Hunde auch nach Ausschaltung der Leber typisch anaphylaktisch reagieren können. Was die Histaminliberierung in der Leber und ihr quantitatives Ausmaß betrifft, vertraten C. A. DRAGSTEDT und F. B. MEAD (1936) den Standpunkt, daß für die Blutdrucksenkung und den Tod von Hunden im anaphylaktischen Schock das Histamin zur Gänze verantwortlich zu machen sei und daß daher die Histaminvergiftung als der wichtigste und alles beherrschende Teilprozeß zu gelten habe. C. F. CODE (1939) konstatierte dagegen, daß zwar zwischen den Schocksymptomen des Hundes und dem Histamingehalt des Blutes ein zeitlicher und quantitativer Parallelismus bestehen könne, indem der jähe Abfall des Blutdruckes mit einer plötzlichen Zunahme des Bluthistamins koinzidiert und das Wiederansteigen des Druckes bei dem sich erholenden Hund erst eintritt, wenn das Histamin aus dem Blute verschwunden ist, ferner daß die Schwere und der rapid letale Ablauf des Schocks in jenen Fällen beobachtet wird, in welchem die Histaminkonzentration im Blute am stärksten ansteigt. CODE fand jedoch im anaphylaktischen Schock von Hunden zur Zeit schwerer Symptome nicht mehr als 1 γ Histamin pro ccm Blut und stellte fest, daß normale Hunde die Injektion sehr großer Mengen Blut von diesem Histamingehalt vertragen; ferner daß geradezu enorme Quantitäten erforderlich wären, um das andauernde und beträchtliche Absinken des Blutdruckes zu bewirken, das für den Schock des Hundes in erster Linie charakteristisch ist. CODE kam 1944 auf diesen merkwürdigen Widerspruch zurück und erklärte ihn in folgender Weise. Nach seinen experimentellen Erfahrungen sterben anaphylaktisch reagierende Hunde in einem der beiden Stadien der anaphylaktischen Reaktion. Werden im Frühstadium genügende Mengen Histamin frei gemacht, so werden die Kapillaren mächtig dilatiert, der Blutdruck sinkt jäh ab und der Tod kann zeitig erfolgen. Der Hund kann aber diese erste Phase der Reaktion überstehen, der Histaminspiegel kehrt zur Norm zurück und der Blutdruck steigt wieder etwas an. Aber die Tiere sind dann keineswegs endgiltig gerettet, vielmehr können sie trotz des normal gewordenen Histaminspiegels in tiefen Schock und Coma verfallen und verenden. Für diese nach einigen Stunden erfolgenden Todesfälle kann man das Histamin nicht verantwortlich machen (s. hierzu Abb. 1). Auch wird in der Leber nicht nur Histamin liberiert, sondern gleichzeitig auch das die Ungerinnbarkeit des Blutes verursachende Heparin, welches aus dem Blute anaphylaktisch reagierender Hunde von L. B. Jacques und E. T. Waters (1941) in krystallinischer Form isoliert wurde. Auf Grund dieser Tatsachen gelangt Code zu der Auffassung, daß das Histamin nicht der Hauptfaktor im Mechanismus der anaphylaktischen und allergischen Reaktionen sein könne, sondern daß eine ihrer Natur nach noch unbekannte Zellschädigung angenommen werden müsse. Histamin- und Heparin-Liberierung können rein akzidentell sein: enthält die von der Schädigung getroffene Zelle zufällig einen der beiden genannten Stoffe in größerer Menge, so werden diese frei und das frei gewordene Histamin kann sich als Sterbefaktor auswirken; ist das nicht der Fall, so können die Tiere infolge der basalen Zellschädigungen zugrunde gehen, wie man dies für die späten anaphylaktischen Tode des Hundes anzunehmen genötigt ist. Wenn auch keine präzise Angabe über den Charakter der Zellschädigung gemacht wird, kann es doch keinem Zweifel unterliegen, daß Code im Gegensatz zu der Schar der Autoren, welche sich einseitig für die Bedeutung des Histamins im pathologischen Geschehen der Anaphylaxie einsetzen, den Gifttheorien den richtigen Platz angewiesen hat. Codes Konzeption wird ja durch die Untersuchungsergebnisse an der Maus beglaubigt, welche im anaphylaktischen Schock verendet, obwohl die Mitwirkung von Histamin mit großer Sicherheit ausgeschlossen werden konnte. Der Einwand, daß man wenigstens eine Tierspezies, das Meerschweinchen, kennt, bei welcher das Histamin als hinreichende Ursache des anaphylaktischen Schocks zu betrachten ist, wäre durchaus unrichtig. Vielmehr

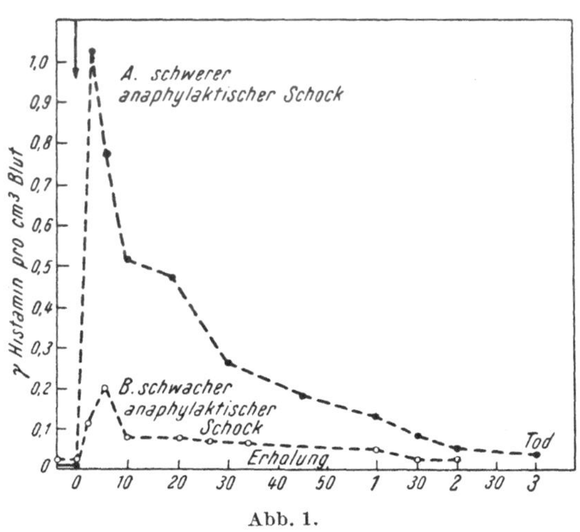

Abb. 1.

fügt sich auch das Meerschweinchen ungezwungen in die Auffassung von CODE ein, wenn man berücksichtigt, daß nur der akute Schock, d. h. die Kontraktion der Bronchiolarmuskulatur eine Folge der Histaminliberierung ist, nicht aber der protrahierte, daß das Meerschweinchen zu den für die Histaminwirkung empfindlichsten Tierarten gehört und drittens, daß nach den Untersuchungen von H. O. SCHILD (1937) das Histamin nicht nur im Schockorgan des Meerschweinchens, in der Lunge frei wird, sondern in Geweben, welche im ganzen Körper des Tieres verstreut sind. Beim Meerschweinchen wirken also verschiedene Umstände zusammen, um der plötzlichen Histaminliberierung im akuten Schock ein pathogenetisches Übergewicht zu verleihen; grundsätzlich liegen aber dieselben Verhältnisse vor wie beim tödlichen Schock des Hundes in der ersten Phase der anaphylaktischen Reaktion. Der protrahierte Schock des Meerschweinchens kommt dadurch zustande, daß man die plötzliche und polyzentrische Ausschüttung von Histamin in das Blut und damit den Krampf der Bronchialmuskulatur und den Tod durch Erstickung umgeht. Dies wird am einfachsten dadurch erreicht, daß man die Erfolgsinjektion des Antigens nicht intravasal, sondern intraperitoneal ausführt; durch die langsame Resorption aus der Peritonealhöhle gelangt das Antigen nur dosi refracta zu den antikörperhaltigen Geweben, so wie das der Fall wäre, wenn man das Antigen zwar intravenös, aber sehr langsam oder in kleinen Teilquanten einspritzen würde. Die in solcher Weise abgebremste Antigen-Antikörper-Reaktion führt wegen ihrer geringen Intensität nicht mehr zum rapiden Freiwerden beträchtlicher Histaminmengen. Wie R. WILLIAMSON (1936) gezeigt hat, erzielt man denselben Effekt, wenn man das Antigen nach der Präparierung mit sehr kleinen Antigendosen und nach kurzer Inkubation intravenös einspritzt; in diesem Falle ist offenbar der Antikörpergehalt der am Schock beteiligten Gewebe noch niedrig, und die Antigen-Antikörper-Reaktion ebenso abgeschwächt und als histaminliberierender Reiz ebenso insuffizient wie nach einer intraperitonealen Erfolgsinjektion. Der protrahierte Schock des Meerschweinchens kann nach längerer Zeit (einer bis mehreren Stunden) letal endigen, obwohl keine tödliche Histaminabgabe an das Blut stattgefunden hat, und bildet so das Gegenstück zum Tode der anaphylaktisch reagierenden Hunde bei normal gewordenem Histaminspiegel des Blutes.

Nachdem durch BARSOUM und GADDUM (1935) eine Methode der quantitativen Histaminbestimmung ausgearbeitet und durch C. F. CODE (1937) verbessert worden war, konnten zuverlässigere Beweise als bisher erbracht werden, daß im Schock des Meerschweinchens und des Hundes tatsächlich eine als Histamin identifizierbare Substanz aus den Geweben der Schockorgane freigemacht wird und in das Blut übertritt. Man konnte in Blutproben, die in kurzen Intervallen den anaphylaktisch reagierenden

Tieren entnommen wurden, das Ansteigen der Histaminkonzentration als Funktion der seit der Erfolgsinjektion verstrichenen Zeit verfolgen und in der üblichen Weise graphisch darstellen (Abb. 1). Im anaphylaktischen Schock von Pferden und Kälbern [C. F. CODE und R. HESTER (1939)] sowie von Kaninchen [BR. ROSE und P. WEIL (1939), L. ZON, E. T. CEDER und C. W. CRIGLER (1939), D. MINARD (1937)] nimmt aber der Histamingehalt des Blutes nicht zu, sondern fällt stark und rapide ab, und diese Tatsache mußte zunächst als ein Argument gegen die allgemeine Gültigkeit der Histaminhypothese betrachtet werden, da es doch nicht ohne weiteres möglich war, die Zunahme ebenso wie die Abnahme des Histamins im Blute als Beweise für die Liberierung von Histamin zu bewerten. Überdies sinkt im Schock des Kaninchens nicht nur der Gesamtgehalt des Blutes an Histamin, sondern es konnte auch kein überzeugender Beweis geliefert werden, daß der Gehalt des Blutplasmas an aktivem Histamin ausnahmslos zunimmt. Nichtsdestoweniger steht heute die Mehrzahl der Autoren auf dem Standpunkt, daß auch der anaphylaktische Schock des Kaninchens durch Histamin bewirkt wird, welches infolge des Reizes einer Antigen-Antikörper-Reaktion von Zellen abgegeben wird, und zwar von weißen Blutkörperchen, vielleicht auch von den Blutplättchen. Die hauptsächlichsten Stützpunkte dieser Behauptung sind erstens der von C. F. CODE und H. R. ING (1937) festgestellte und von anderen Autoren bestätigte Reichtum der Leukocyten und Blutplättchen des Kaninchens an Histamin, zweitens die Beobachtung von R. G. ABELL und H. P. SCHENK (1938), daß die Leukocyten im anaphylaktischen Schock des Kaninchens schwer geschädigt werden, und drittens ein Experiment von GERHARD KATZ (1940), aus welchen hervorgeht, daß im Blute eines mit Ovalbumin immunisierten Kaninchens eine Zunahme des Histamins festzustellen ist, wenn man demselben das Antigen in vitro zusetzt. Wenn man aber diese Beweisstücke genauer überprüft, so stellt sich der Sachverhalt in einem anderen Lichte dar, als er von den Anhängern der Histaminhypothese gedeutet wird.

Der hohe Histamingehalt der Leukocyten besagt an und für sich wenig. Die Haut der Maus ist ebenfalls reich an Histamin, aber dieses Histamin wird im Schock der Maus nicht mobilisiert und beteiligt sich nicht an der anaphylaktischen Reaktion. — Auf die schwere, bis zum Zerfall gehende Schädigung der Leukocyten legt C. F. CODE (1944) großes Gewicht, weil sie seiner aus der Analyse der Schockphänomene des Hundes gewonnenen Überzeugung entspricht, daß die Histaminliberierung nur eine Begleiterscheinung einer Zellschädigung ist. Aber derartige destruktive Prozesse sind beim anaphylaktischen Schock des Meerschweinchens und des Hundes wohl nicht als Regel anzunehmen; sonst wäre es kaum möglich, daß bei diesen beiden Tierarten auch ein schwerer Schock unmittelbar in völliges Wohlbefinden übergehen kann. — Das oben erwähnte Experiment von G. KATZ, welches von diesem Autor als „Schock in vitro“ bezeichnet wird, wurde in folgender Weise ausgeführt. Kaninchen wurden durch intravenöse Injektionen von Ovalbumin immunisiert. Zehn bis dreißig Tage nach der letzten Injektion wurde Blut durch Herzpunktion gewonnen, durch Heparin[1] ungerinnbar gemacht und in zwei Proben geteilt. Eine Probe diente als Kontrolle, der anderen wurde Ovalbumin zugesetzt, so daß eine Antigenkonzentration von 1 : 1000 resultierte; dann wurden beide Proben durch zehn Minuten auf 37° C erwärmt, das Plasma abzentrifugiert und sein Histamingehalt nach der Methode von CODE (1937) bestimmt. Die Probe, welcher Antigen zugesetzt worden war, zeigte ausnahmslos einen höheren Histaminspiegel als die Kontrolle, und die Differenzen beliefen sich auf das zwei- bis sechsfache. Das steht aber in offenkundigem Widerspruch zu den Untersuchungen von BR. ROSE und P. WEIL (1939), welche im Blute des anaphylaktisch reagierenden Kaninchens eine Zunahme des aktiven Plasmahistamins keineswegs konstant und häufig nur in einem Grade nachweisen konnten, welcher nicht an die von KATZ in seinen vitro-Versuchen ermittelten Ziffern heranreichte. Die Annahme von C. A. DRAGSTEDT, RAMIREZ DE ARELLANO und A. H. LAWTON (1940), daß die Diskrepanz zwischen dem vitro-Versuch und den Befunden am lebenden Kaninchen wahrscheinlich auf die Geschwindigkeit zurückzuführen ist, mit welcher das Histamin aus dem zirkulierenden Blute ausgeschieden wird, kann nicht richtig sein, sonst hätten die Kurven, welche CODE (1939) über das Verhalten des Bluthistamins beim Hunde veröffentlicht hat, nicht zustande kommen können. KATZ hat in der zitierten Publikation erwähnt, daß er auch einige Versuche mit dem Blute sensibilisierter Hunde und Meerschweinchen ausgeführt habe und daß auch in diesen Fällen stets eine deutliche Differenz zwischen der mit Antigen versetzten Probe und der Kontrolle festgestellt werden konnte, wenn auch die Unterschiede etwas kleiner waren als in den Experimenten mit Kaninchenblut. Demnach wäre der „Schock in vitro“ kein strenge auf das Kaninchen beschränktes Phänomen. Jedenfalls aber ist das Freiwerden von Histamin aus zerfallenden Leukocyten sowohl in quantitativer Beziehung als hinsichtlich seines Mechanismus ein ganz anderer Prozeß als die Liberierung des Histamins aus den fixen Gewebszellen des Meerschweinchens und des Hundes.

Wir wissen, daß allen anaphylaktischen Erscheinungen eine Antigen-Antikörper-Reaktion zugrunde liegen muß und daß die pathologische Auswirkung dieser Reaktion durch ihre Zellständigkeit, d. h. durch ihren Sitz an den betroffenen Zellen bedingt wird. Wollen wir diese Erkenntnis auf den von KATZ beschriebenen „Schock in vitro“ anwenden, so müßten

---

[1] Ob das Heparin die Leukocyten und Thrombocyten schädigt (s. S. 15), wurde nicht untersucht.

wir annehmen, daß der Antikörper entweder in den Leukocyten oder gar in den Thrombocyten entsteht oder daß er anderwärts gebildet und sekundär an die farblosen Elemente des Blutes verankert wird. Den Grundgedanken von KATZ weiter verfolgend, suchten C. A. DRAGSTEDT, RAMIREZ, LAWTON und YOUMANS (1940) den „Schock in vitro" am isolierten Organ zu reproduzieren. Sie leiteten durch die isolierte Lunge eines normalen Kaninchens normales Kaninchenblut und setzten demselben ein Antiserum und das zugehörige Antigen mit dem Erfolg zu, daß die Passage durch die Lungengefäße gedrosselt wurde und daß in dem abströmenden Blut Leukopenie und eine *Verminderung* der Histaminkonzentration nachzuweisen waren. Diese Wirkungen traten rasch ein und waren davon unabhängig, ob das Antigen vor oder nach dem Antiserum oder gleichzeitig mit demselben dem zur Perfusion verwendeten normalen Kaninchenblut zugesetzt wurde; sie wurden als „passive Sensibilisierungen von Kaninchenblut" bezeichnet. Zu dieser Charakterisierung des Sachverhaltes waren jedoch die zitierten Autoren nicht berechtigt. Die angegebenen Veränderungen (Verengerung der Lungenarterien, Leukopenie und Abnahme der Histaminkonzentration im Blute) kann man auch im anaphylaktischen Schock des Kaninchens feststellen, und der Versuch von DRAGSTEDT und seinen Mitarbeitern war daher einfach als passive Anaphylaxie am isolierten Organ zu bezeichnen, verursacht durch eine Antigen-Antikörper-Reaktion, wie dies ja bei allen anaphylaktischen Erscheinungen der Fall ist. In welcher Beziehung steht aber die Antigen-Antikörper-Reaktion zu den Veränderungen an den Leukocyten und zur Verminderung der Histaminkonzentration im Blute? Diese Frage wurde von DRAGSTEDT und seinen Mitarbeitern nicht befriedigend beantwortet. Es wurden nur die Leukocyten als das wichtigste Schockgewebe des Kaninchens bezeichnet und konstatiert, daß keine Beweise dafür vorliegen, daß sich der Antikörper zunächst an die Leukocyten anlagern müsse, bevor seine Reaktion mit dem Antigen wirksam werden kann. Sicher ist aber, daß Histamin, falls es am anaphylaktischen Schock des Kaninchens überhaupt als entscheidender pathogener Faktor beteiligt ist, nicht unbedingt aus geschädigten Leukocyten stammen muß, da BR. ROSE (1941) nachgewiesen hat, daß auch der Histamingehalt der Gewebe, namentlich der Lunge und der Milz, im Schock abnimmt.

Solange sich Histamin in den intakten Leukocyten befindet, ist es naturgemäß inaktiv. Durch die Schädigung oder Auflösung der Leukocyten — so argumentieren die Anhänger der Histaminhypothese — wird jedoch der Austritt in das Blutplasma ermöglicht, und nun kann das Histamin seine ihm eigentümliche Giftwirkung entfalten. ROSE (1940a) konnte diesen Sachverhalt insofern bekräftigen, als er nachwies, daß sich in einer als Kontrolle benützten Blutprobe eines sensibilisierten Kaninchens 85% des Histamins in der Schicht der weißen Blutzellen vorfanden, während im Schockblut desselben anaphylaktisch reagierenden Tieres 80% im Plasma nachgewiesen wurden. Es wird offenbar angenommen, erstens, daß das Histamin in den Leukocyten als solches, das heißt, in potentiell aktionsfähigem Zustande vorhanden ist, so daß es durch bloße Cytolyse zur Auswirkung kommen kann, was im Gegensatz zu den komplizierten Hypothesen über die Liberierung des Histamins im anaphylaktischen Schock des Meerschweinchens und des Hundes (s. weiter unten) steht; zweitens, daß die aus der Leukocytenschädigung stammenden Histaminquanten ausreichen, um eine schwere Histaminvergiftung zu verursachen, und drittens, daß die anaphylaktischen Symptome in allen wesentlichen Beziehungen einer Intoxikation mit Histamin gleichen. Die sub 1) und 2) genannten Annahmen sind vorderhand unbewiesen. Was speziell Punkt zwei anlangt, muß hier nochmals darauf hingewiesen werden, daß der Gesamtgehalt des Blutes am Histamin im Schock des Kaninchens rapide und sehr stark abnimmt; es ist nicht ohne weiteres einzusehen, warum eine bloße Verschiebung des Histamins aus den Leukocyten in das Blutplasma den Histaminsturz zur Folge haben soll. Was endlich die Ähnlichkeit der anaphylaktischen Symptome mit der Wirkung des Histamins betrifft, wurde von vielen Autoren, so von H. H. Dale und P. P. Laidlaw (1910), M. Cloetta und E. Anderes (1914), M. Rocha e Silva (1940), betont, daß das Histamin eine Konstriktion der Lungenarterien hervorruft, einen Vorgang, den man auf Grund der Arbeiten von Y. Airila (1914), A. F. Coca (1919) sowie C. K. Drinker und J. Bronfenbrenner (1924) auch als den wesentlichen Teilprozeß des anaphylaktischen Schocks des Kaninchens betrachtet hat. R. Doerr (1950, S. 123 bis 129) hat jedoch auseinandergesetzt, daß diese Auffassung vom Mechanismus des Schocks einer Kritik zugänglich ist und daß, zumindest für den perakut letalen Verlauf, konform den alten Beobachtungen von J. Auer (1911), ein Herztod angenommen werden darf. In summa muß man zugeben, daß viel von dem, was als gesichert betrachtet wurde, im Zuge weiterer experimenteller Untersuchungen zu einer Änderung der herrschenden Meinungen zwingen könnte. Ist doch manche Tatsache auf dem Wege forschreitender Forschung unaufgeklärt liegen geblieben, wie z. B. daß das Kaninchen der beste Antikörperbildner ist und daß es gleichwohl nicht möglich war, eine sichere Methode der aktiven Sensibilisierung ausfindig zu machen, ja daß die leistungsfähigsten Verfahren, wie sie von A. F. Coca (1919) und E. F. Grove (1932) angegeben wurden, einen ganz eigenartigen gewaltsamen Typus zeigen [s. R. Doerr (1950), S. 24].

Über eine Variante des von G. Katz beschriebenen „Schocks in vitro" haben neuerdings H. M. Carryer und C. F. Code (1950) berichtet. Sie muß hier wegen ihrer Tragweite ausführlich besprochen werden. Carryer und Code wollten feststellen, ob hämolytische Reaktionen in dem aus den Gefäßen entleerten Blut eine Abgabe von Histamin an das Plasma von seiten der Zellen zur Folge haben. Die Versuche wurden an Kaninchen ausgeführt, da sich ihr Blut durch einen besonders hohen Histamingehalt auszeichnet. Die Kaninchen wurden mit gewaschenen Schaferythrocyten immunsisiert. Zehn Tage nach der letzten immunisierenden Injektion erfolgte die Blutentnahme derart, daß das aus der durchschnittenen Carotis strömende Blut direkt in mit Paraffin ausgekleideten Glasgefäßen aufgefangen wurde, um mechanische Schädigung und Berührung mit fremden Flächen tunlichst auszuschalten. Verhütung der Gerinnung durch Heparin. Nach Bestimmung des hämolytischen Titers wurden 10 cm³ Kaninchenblut in paraffinierte Zentrifugenröhrchen gefüllt und 1 cm³ einer 50prozentigen Suspension von Schaferythrocyten zugesetzt. Nach einer Inkubation von einer Stunde bei 37° C wurde zentrifugiert und der Histamingehalt der überstehenden Flüssigkeiten bestimmt, er war in allen Röhrchen, in denen Hämolyse aufgetreten war, 2- bis 15mal größer als in den Kontrollen. In einem Versuch, in welchem die Röhrchen nicht bebrütet wurden, wurde das gleiche Resultat erzielt; die Histaminabgabe mußte sich in diesem Falle in fünf Minuten vollzogen haben. Aus den Schaferythrocyten konnte das Histamin nicht stammen, da die verwendeten Mengen weniger als 0,03 γ enthielten; auch die Erythrocyten des Kaninchenblutes kamen als alleinige Quelle der großen Histaminmenge ebenfalls nicht in Betracht, so daß via exclusionis nur die weißen Blutkörperchen und die Thrombocyten als hauptsächliche Histaminspender übrig blieben. Der Mechanismus, durch welchen die hämolytische Reaktion Histamin aus geformten Blutelementen frei macht, ist unbekannt, gestehen CARRYER und CODE. Da aber so einfache Traumen wie die Berührung mit Glasflächen oder mit korpuskulären Fragmenten oder das Gerinnen oder das Schütteln des Blutes schon den Übertritt von Histamin in das Plasma verursachen, scheine es sich um die Auswirkung einer Art von chemischen oder physikochemischen Trauma zu handeln. Eine höchst unbefriedigende Auskunft. Denn sie läßt die Frage nach dem Zusammenhang zwischen hämolytischer Reaktion und der Histaminabgabe durch die farblosen Blutelemente einfach offen. Wenn ferner so geringfügige mechanische Einflüsse die Liberierung von Histamin bewirken können, muß man daran denken, in welchem Umfange dieser Faktor an den Versuchsresultaten anderer Autoren beteiligt war, die in ganz anderem Sinne, nämlich als Effekte von Antigen-Antikörper-Reaktionen gedeutet worden waren; die Vorsichtsmaßregeln, welche von CARRYER und CODE beobachtet wurden, um mechanische Enflüsse so weit als möglich fernzuhalten, hatten ja ihre Vorgänger auf dieser Bahn gar nicht angewendet. Als Ergebnis ihrer Studie bezeichnen CARRYER und CODE den Schluß, daß der Übertritt von Histamin aus Blutzellen ins Plasma an den Symptomen beteiligt sein könnte, die man bei Transfusionen von unverträglichem Blut beobachtet. Diese magere Ausbeute ändert aber nichts an der Tatsache, daß die Lehre von der Histaminliberierung aus farblosen Blutzellen als Ursache des anaphylaktischen Schocks des Kaninchens, ohnehin ein wunder Punkt der Histaminhypothesen, schwer erschüttert wurde.

Es wurde betont, daß die bloße Verschiebung des Histamins aus den Leukocyten und Blutplättchen die Tatsache nicht zu erklären vermag, daß im anaphylaktischen Schock des Kaninchens die Gesamtkonzentration des im Blute vorhandenen Histamins plötzlich und ganz erheblich abnimmt. Neuere Beobachtungen lassen diesen Histaminsturz noch problematischer erscheinen als er schon an sich ist. M. ROCHA E SILVA, A. GRANA und A. PORTO (1945) haben nämlich festgestellt, daß die kritische Verminderung des Histamins im Blute auch dann eintritt, wenn man dem Kaninchen Polysaccharide, hergestellt aus Ascaris lumbricoides oder Hydatidenflüssigkeit, oder Leberglykogen intravenös injiziert; gleichzeitig verschwinden die Blutplättchen fast vollständig aus dem zirkulierenden Blute und die Zahl der Leukocyten wird reduziert. Die zitierten Autoren halten es zwar für wahrscheinlich, daß die Leukopenie im anaphylaktischen Schock einen anderen Mechanismus hat wie die durch Glykogen bewirkte; sie fanden, daß die erstgenannte auch eintritt, wenn man die Tiere mit Urethan oder Chloralose anästhesiert, während Glykogen unter Urethan- oder Chloralose-Anästhesie eher eine Leukocytose oder keine Veränderung der Leukocytenzahl verursacht. Diese Begründung ist aber nicht stichhaltig, da nichtanästhesierte Kaninchen oder solche, die man mit Dial + Äther narkotisiert hat, sowohl den Histaminsturz als auch die Veränderungen der Blutplättchen und Leukocyten zeigen; das gegenteilige Verhalten unter dem Einfluß von Urethan oder Chloralose ist also wohl als Sonderwirkung dieser Narcotica aufzufassen. Obwohl nun das nicht anästhesierte Kaninchen auf Glykogen mit Thrombocytopenie und Leukopenie reagiert, zeigt es doch keine schockartigen Symptome. Daraus wäre zu schließen, daß diese Vorgänge an den farblosen Blutelementen auch beim anaphylaktischen Schock des Kaninchens nicht essentiell beteiligt sein können, sondern so, wie dies CODE (1944) für den Hund glaubhaft auseinander gesetzt hat, bloße Begleiterscheinungen einer noch unbekannten Zellschädigung darstellen. Diese Konsequenz wird von den Anhängern der Histamintheorie aus den Experimenten mit Glykogen keineswegs abgeleitet. Vielmehr berufen sich ROCHA E SYLVA und seine Mitarbeiter darauf, daß das vitro-Experiment von G. KATZ (s. S. 16) negative Resultate gibt. Setzt man nämlich die oben bezeichneten Polysaccharide oder Leberglykogen normalem Kaninchenblut zu, so könne der Übergang von Histamin aus Zellen in das Plasma nicht konstatiert werden. Warum aber dieser Vorgang trotz identischer Vorgänge an Leukocyten und Blutplättchen im anaphylaktischen Schock stattfinden und nach Glykogeninjektionen ausbleiben soll, wird nicht gesagt.

Die Zweifel, welche die Glykogenversuche und ihre Deutung hervorzurufen geeignet sind, werden verstärkt durch einige Experimente von ROCHA E SILVA und seinen Mitarbeitern, aus welchen hervorgeht, daß Glykogen den anaphylaktischen Schock des Kaninchens antagonistisch zu beeinflussen vermag. Dieser Effekt wird darauf zurückgeführt, daß Glykogen die Blutelemente „dispergiere" und so eine Anhäufung derselben im Schockorgan verhindere, während der anaphylaktische Schock dadurch zustandekäme, daß sich Leukocyten und Thrombocyten in den Kapillaren und kleinen Gefäßen der Lunge verbacken und Emboli bilden, welche als Filter wirken, das die verklumpten Blutelemente zurückhält und auf diese Weise die volle Auswirkung der Histaminliberierung durch ihre Konzentration im Schockorgan ermöglicht. Die Vorstellung des gefäßkontrahierenden Histamins wird hier substituiert bzw. kombiniert mit der Annahme einer mechanisch bedingten Lokalisation der Histaminliberierung im Schockorgan. Ist denn aber die Lunge das Schockorgan des Kaninchens? Beim Meerschweinchen besteht in dieser Beziehung kein Zweifel, da bei der Durchströmung der isolierten Lunge eines sensibilisierten Tieres mit Antigen die Blähung und Immobilisierung eintritt, welche beim intakten Tier den plötzlichen Erstickungstod verursacht [W. H. MANWARING und Y. KUSAMA (1917), P. NOLF und M. ADANT (1946)]. A. F. COCA (1919) hat diese Versuchsanordnung auf die Lunge des sensibilisierten Kaninchens angewendet und berichtet, daß die Einleitung von Antigen eine Verengerung der intrapulmonalen Strombahnen zur Folge hat, welche nur durch eine erhebliche Erhöhung des Perfusionsdruckes überwunden werden kann. Aber MANWARING, MARINO und BEATTIE (1924) konnten dieses Experiment nicht bestätigen, und überdies ist es sehr unwahrscheinlich, daß eine Erhöhung des Druckes, gegen welchen der rechte Ventrikel zu arbeiten hat, den oft blitzartigen Schocktod des Kaninchens verursachen kann; es handelt sich ja nicht um eine momentane vollständige Sistierung, sondern nur um eine Erschwerung des kleinen Kreislaufes. Ebensowenig kann man sich vorstellen, daß die von ROCHA E SILVA und seinen Mitarbeitern postulierte Embolisierung der Kapillaren und kleinen Gefäße in der Lunge durch verklumpte Leukocyten und Thrombocyten mit solcher Geschwindigkeit zustandekommt, daß sie als befriedigende Erklärung des perakuten Kaninchenschocks betrachtet werden darf. Die direkte Einbringung des Antigens in den großen Kreislauf z. B. durch zentral-carotale Injektion oder durch Injektion in den linken Ventrikel könnte vielleicht weitere Aufschlüsse bringen; die farblosen Blutelemente werden wohl nicht nur in den Lungengefäßen verklumpt, sondern auch in der Zirkulation des großen Kreislaufes [R. G. ABELL und H. P. SCHENK (1938)] und die entstehenden Aggregate könnten in diesem Kapillargebiet abfiltriert und von der Lunge abgehalten werden. Soweit der Verfasser unterrichtet ist, wurden diese naheliegenden Experimente am Kaninchen nicht ausgeführt. Sollte man dies tatsächlich unterlassen haben, so wäre es angezeigt, das Versäumte nachzuholen. Dies umsomehr, als auf diesem Wege auch die Vermutung von R. Doerr (1950, S. 150f.) verifiziert oder widerlegt werden könnte, daß das Schockorgan — zumindest bei den perakuten Schockformen des Kaninchens — nicht die Lunge, sondern das Herz, präziser formuliert, das Verzweigungsgebiet der Coronararterien des Herzens ist, wo sich die von Abell und Schenk beschriebenen Vorgänge ungleich rapider und kritischer auswirken müßten als in der Lunge. Zusammenfassend wäre also zu konstatieren, daß die Einordnung der anaphylaktischen Reaktionen des Kaninchens in die Histaminhypothese nicht als endgültig abgeschlossenes Problem betrachtet werden kann.

Hypothesen über den Mechanismus der Abgabe von Histamin durch die Zellen der Schockgewebe.

Es besteht kein Zweifel, daß Histamin in den Blut- und Gewebszellen der Säugetiere in relativ, d. h. im Verhältnis zur Dynamik dieser Substanz großen Mengen vorkommt. Die einfachste Annahme wäre daher, daß die zellständige Antigen-Antikörper-Reaktion, welche allen anaphylaktischen Phänomenen zugrunde liegen muß, auf die Zellen, an denen sie abläuft, einen Reiz ausübt, welcher den Austritt von Histamin, das in der Zelle als solches vorhanden ist, verursacht. Das Histamin würde also im Ablauf der anaphylaktischen Reaktion nicht produziert, sondern eben nur abgegeben werden, ein Standpunkt, auf den sich der eigentliche Begründer der Histamintheorie H. H. Dale (1929) gestellt hat. Da das Histamin kontraktionserregend auf die glatten Muskeln wirkt, könnte man sich vorstellen, daß es auch im normalen Organismus kontinuierlich von Zellen abgegeben wird, wie andere Produkte der inneren Sekretion, und daß die kritische Liberierung im anaphylaktischen Prozeß nur die pathologische Steigerung einer physiologischen Funktion darstellt. Dafür würde sprechen, daß man Histamin auch im normalen Blutplasma [C. F. Code (1937b, c)] sowie im Liquor cerebrospinalis, hier in wesentlich geringeren Mengen [I. Jackson und B. Rose (1947)] nachweisen kann. Diese Auffassung würde es verständlich machen, daß nicht bloß eine zellständige Antigen-Antikörper-Reaktion die physiologische Histaminabgabe steigern kann, sondern daß auch andere Agenzien, wenn sie vom Blut aus auf die histaminhaltigen Zellen einwirken, denselben Effekt haben können. Damit wären die Beziehungen zwischen anaphylaktischen und anaphylaktoiden Reaktionen, soweit diese als histaminbedingte Vorgänge angesehen werden dürfen [s. R. Doerr,

1950, S. 186 f.], auf eine gemeinsame Grundlage gestellt. Anderseits läge es durchaus in dieser Gedankenrichtung, daß die physiologische Histaminabgabe in das System der einander koordinierten hormonalen Funktionen eingeordnet ist. Es liegen vereinzelte Beobachtungen vor, welche die Abhängigkeit der Histaminliberierung von der Tätigkeit endocriner Drüsen feststellen. So konnten Br. Rose und J. S. Browne (1941) sowie P. B. Marshall (1943) nachweisen, daß der Histamingehalt der Gewebe der Ratte nach Entfernung der Nebennieren zunimmt. Die Exstirpation der Nebennieren erhöht ferner die Histaminkonzentration im Blute, und zwar sowohl bei der Ratte [Marshall (1943)] als auch beim Kaninchen [A. Wilson)]. Die Entfernung der Schilddrüse hat den entgegengesetzten Effekt, in dem sie bei der Ratte den Histamingehalt der Haut und der Gewebe reduziert, während die Zufuhr von Schilddrüsenextrakten die Konzentration des Histamins in diesen Geweben steigert [F. R. Gotzl und C. A. Dragstedt (1940)]. Damit in einem gewissen Zusammenhang stehen einige experimentelle Arbeiten, welche berichten, daß die Thyreoidektomie sowohl die Resistenz gegen Histamin wie jene gegen den anaphylaktischen Schock herabsetzt [V. G. Banting und S. Gairns (1926), D. Perla und S. H. Rosen (1935), W. J. M. Scott (1928), A. Spinelli (1929), L. C. Wyman (1929)]. Ob man auf diesen Parallelismus Gewicht legen darf, soll hier nicht genauer geprüft werden; die Fehlerquellen sind bei derartigen experimentellen Beweisführungen jedenfalls so groß, daß die skeptische Aufnahme der Resultate geboten erscheint. Übrigens wurde der Einfluß der Ausschaltung der Schilddrüse auf die anaphylaktische Reaktionsfähigkeit auch am Meerschweinchen untersucht, aber in anderem Sinne, nämlich als Unterdrückung der Antikörperproduktion gedeutet; Angaben hierüber findet man bei R. Doerr (1950), S. 175 f.

Im folgenden sollen zunächst der chemische Charakter des Histamins, seine Entstehung und seine Schicksale im Organismus behandelt

5 HC—NH 1
CH 2
C—N 3
CH_2
$CH \cdot NH_2$
COOH

Histidin (Imidazolyl-alanin)

HC—NH
CH
C—NH
CH_2
$CH \cdot NH_2$

Histamin (Imidazolyläthylamin)

werden, um die Voraussetzung für die Erörterungen der Hypothesen zu schaffen, welche sich mit der Liberierung dieser Substanz befassen.

Das Histamin (β-Imidazolyläthylamin) entsteht aus der unentbehrlichen Aminosäure Histidin (Imidazolyl-alanin) durch Decarboxylierung.

Die Decarboxylierung des Histidins wird durch ein Ferment, die Decarboxylase, bewirkt, welches in tierischen Geweben sowie in Bakterien nachgewiesen werden konnte. E. Werle (1936), Werle und Herrmann (1937) sowie, unabhängig von ihnen, Holtz und Heise (1937) konnten das Vorkommen in Geweben feststellen, während die bakterielle Bildung des Histamins zuerst von D. Ackermann (1910) nachgewiesen und in der Folge von zahlreichen Autoren in neuerer Zeit in umfassenden Untersuchungen an 14 Stämmen von Bact. coli von E. F. Gale (1940) studiert wurde. Injiziert man Meerschweinchen Histidin, so steigt der Histamingehalt der Lungen, wodurch bewiesen wird, daß das Histamin auch im tierischen Organismus durch Decarboxylierung des Histidins entsteht [Bloch und Pinösch (1936)]. Das Decarboxylierungsvermögen frischer tierischer Gewebe z. B. der Niere ist ungleich schwächer als jenes der Bakterien und vermag nur die körpereigene Form des Histidins, nämlich das l-Histidin anzugreifen, während das bakterielle Enzym fast immer sowohl l- als d-Histamin abzubauen imstande ist, wenn auch nicht in gleichem Ausmaße, indem der Umsatz von l-Histidin in der Regel wesentlich größer ist als der von d-Histidin [E. Werle (1941)]. Mit der Nahrung aufgenommenes Histidin kann somit im Darme unter der Mitwirkung der Bakterienflora desselben weit intensiver und uneingeschränkter in Histamin umgewandelt werden als in den Geweben. Während aber das Vorkommen des Histamins in Geweben, in welchen es aus Histidin entstanden ist, verständlich erscheint und nur gefragt werden kann, ob es dort einfach deponiert oder im Stoffwechsel verbraucht und stetig ersetzt wird, müßte man sich beim Histamin enterogener Herkunft Rechenschaft darüber ablegen, ob es durch Resorption zu den Geweben gelangen und dort ein Bestandteil der Zellen werden kann.

G. V. Anrep, M. S. Ayadi, G. S. Barsoum, J. R. Smith und M. M. Talaat (1944) konnten feststellen, daß die Histaminausscheidung durch den Harn zunimmt, wenn die Nahrung viel Histidin enthält. Das im Organismus entstandene Histamin kann also die Harnwege anscheinend in unverändertem Zustande passieren, zum Teil erscheint es aber im Harn in pharmakodynamisch inaktiver, aus der Muttersubstanz durch Einwirkung des Fermentes Histaminase entstandener Form. Die Histaminase wurde zuerst von C. H. Best (1929) aus Lungengewebe isoliert und ist ihrem Wesen nach eine Diaminoxydase, ist aber nicht spezifisch auf Histamin eingestellt, sondern vermag auch andere Diamine vom Typus des Cadaverins abzubauen [A. Zeller (1938a, b)]. Die Entgiftung des Histamins durch Histaminase ist nicht das einzige Mittel, das dem Organismus für diesen Zweck zur Verfügung steht. So konnten Br. ROSE und J. S. L. BROWNE (1938) zeigen, daß die Ratte intravenös injiziertes Histamin durch Organgewebe (Leber und Niere) zu inaktivieren vermag, welche keine Histaminase enthalten. Wie man sich diese, nicht durch Histaminase bedingte Inaktivierung des Histamins in bestimmten Gewebsparenchymen vorzustellen hat, ist vorderhand unbekannt. Man könnte erwägen, daß Histamin nicht nur aus Zellen in das Blutplasma austreten und dadurch zu toxischer Auswirkung gelangen kann, sondern daß auch eine Umkehrung dieses Vorganges möglich ist, in dem zirkulierendes Plasma-Histamin von Zellen aufgenommen und seiner Toxizität durch diesen Stellungswechsel beraubt wird. Doch scheint man, soweit der Verfasser orientiert ist, an die Möglichkeit eines solchen Prozesses nicht gedacht zu haben. Es darf wohl konstatiert werden, daß man sich einseitig für das Vorkommen von Histamin im Blut und in Geweben und seine pathologische Freigabe aus diesen Depots interessiert hat, und daß darüber die wichtigen Kapitel seiner Funktionen im normalen Organismus und seiner physiologischen (nicht-medikamentösen) Entgiftung vernachlässigt würden. Es liegen wohl vereinzelte Beiträge zu diesen Fragen vor, aber sie fügen sich nicht zu geschlossener Erkenntnis.

So wurde außer der bereits erwähnten Ausscheidung von Histamin durch den Harn nach histidinreicher Ernährung das Auftreten von histaminoiden Substanzen im Nasensekret bei Coryza und allergischer Rhinitis [E. TROESCHER-ELAM, G. ANCONA und W. KERR (1945)] sowie im Sputum von Asthmatikern [F. A. KNOTT und G. H. ORIEL (1930)] festgestellt und G. MYRHMAN und J. TOMENIUS (1939) konnten eine erhebliche Zunahme des Histamins in den Faeces von Asthmatikern beobachten, die allerdings auch so erklärt werden könnte, daß im Darm von Asthmatikern infolge von Änderungen der Bakterienflora mehr Histamin produziert wird. Es ist überhaupt fraglich, ob man das Auftreten von Histamin in den Se- und Exkretionen so aufzufassen hat, daß sich der Organismus auf diesen Wegen eines Histaminüberschusses zu entledigen versucht, da das Histamin auch am Orte seines Auftretens entstanden oder freigemacht sein könnte. Auf jeden Fall könnte es sich nur um eine Herausschaffung von Histamin per vias naturales handeln, aber nicht um einen Vorgang, den man als „physiologische Entgiftung" zu bezeichnen hätte. Eine physiologische Entgiftung wäre der fermentative Abbau des Histamins durch Histaminase. Gerade in dieser Beziehung wurde jedoch eine widerspruchsvolle Situation geschaffen. A. AHLMARK (1944) konnte nämlich nachweisen, daß der Histaminasegehalt des Blutplasmas während der Schwangerschaft zunimmt und im siebenten Monat der Gravidität den Höhepunkt erreicht. Nun ist aber der Histamingehalt des Plasmas nach Untersuchungen von Br. ROSE (1947) in der Schwangerschaft nicht erhöht, so daß man zunächst in der Überproduktion von Histaminase keine zweckmäßige Abwehrreaktion erblicken kann. Daß Frauen, welche vor der Schwangerschaft an allergischen Krankheiten gelitten haben, durch die Gravidität von diesen Leiden befreit werden können [V. J. DERBES and W. SODEMAN (1946)] hilft auch nicht weiter, ebensowenig wie die von E. A. ZELLER, H. BIRKHÄUSER, H. WATTENWYL und R. WENNER (1941) nachgewiesene Zunahme der Cholinesterase in der Gravidität. Eine Reihe interessanter Tatsachen, die aber — bis Ende 1947 — nicht miteinander in rationale Beziehung gebracht werden konnten, obwohl ein Zusammenhang wahrscheinlich ist.

Die Toxizität des Histamins für verschiedene Tierarten.

Bald nachdem der Gedanke aufgetaucht war, daß der anaphylaktische Schock auf einer akuten Autointoxikation durch frei gewordenes Histamin beruhen könnte, hat man die Empfindlichkeit der anaphylaktisch reagierenden Tierspezies gegen Histamin bestimmt und wollte zwischen dem Grade derselben und der anaphylaktischen Reaktionsfähigkeit einen Parallelismus konstatieren. M. W. CHASE (1948) illustriert die Empfindlichkeitsskala für Histamin durch folgende von R. L. MAYER zusammengestellte Ziffern:

Tab. 1. Letale Giftwirkung von intravenös injiziertem Histamin in Milligramm pro kg Körpergewicht[1].

Frosch	1700
Maus	250—300
Ratte	170—500
Affe	50
Hund	3
Taube	1,5
Kaninchen	0,6—3,0
Meerschweinchen	0,3—0,4

Die Daten, welche die Anaphylaxieforschung über die Leichtigkeit und Sicherheit der aktiven Sensibilisierung verschiedener Tierarten und über die zur Auslösung eines Schocks erforderlichen Antigenmengen gesammelt hat, lassen aber von einem Parallelismus zur Empfindlich-

[1] Nach Tab. 1 würde das Kaninchen hinsichtlich seiner Empfindlichkeit gegen Histamin dem Meerschweinchen sehr nahe stehen. Dieser Schluß kommt aber lediglich durch die Berechnung der letalen Histamindosis auf das Kilogramm Körpergewicht der Versuchstiere zustande. Man vergiftet jedoch nicht 1 kg Kaninchen oder Meerschweinchen, sondern Kaninchen oder Meerschweinchen. Wenn man dies berücksichtigt, beläuft sich die letale Histamindosis für Meerschweinchen von 250 g auf 0,075 bis 0,1 mg und für Kaninchen von 1500 g auf 0,9 bis 4,5 mg.

keitsskala gegen Histamin nur wenig erkennen. Wie aus der neuesten ausführlichen Zusammenfassung der einschlägigen Angaben von R. Doerr (1950, S. 19—42 und 103—148) hervorgeht, stellt eigentlich jede Tierart ein besonderes Quale dar. Das Meerschweinchen, das Paradestück der Histaminhypothese, fällt, wenn man nur den akuten Schock ins Auge faßt, ganz aus der Reihe und zeigt Eigenschaften, die nicht ihresgleichen haben, und die Maus, die so resistent gegen Histamin ist, wird leicht und in hohem Grade aktiv anaphylaktisch, die Ratte, die ebenso resistent gegen Histamin ist, kann zwar aktiv sensibilisiert werden, reagiert aber auf die Erfolgsinjektion des Antigens nur unter bestimmten und durchaus eigenartigen Bedingungen mit einem schwachen, nicht tödlich verlaufenden Schock usf.

Es wurde bereits an anderer Stelle (s. S. 10 f.) auseinandergesetzt, daß und warum man sich klar geworden ist, daß das Histamin für die anaphylaktischen Reaktionen der Maus nicht verantwortlich gemacht werden kann. Da auch die Intervention von Acetylcholin nicht sicher beweisbar ist (s. S. 72), liegt die Sache in diesem Falle vorderhand so, daß nur die zellständige Antigen-Antikörper-Reaktion als hinreichende Ursache des krankhaften Geschehens in Betracht kommt. Dagegen kann kein Zweifel bestehen, daß das Histamin am akuten Schock des Meerschweinchens und des Hundes als mitwirkender Faktor beteiligt ist. Man sieht also, daß sich die verschiedenen Tierarten auch hinsichtlich der Pathogenese der anaphylaktischen Phänomene stark unterscheiden und daß man sich vor jeder Verallgemeinerung, die nicht überzeugend bewiesen werden kann, zu hüten hat. Wie bei der Maus wird man sich voraussichtlich auch bei der Ratte von der Histaminhypothese und in weiterer Folge von der Vorstellung, daß nur eine Autointoxikation anaphylaktische Erscheinungen zu erklären vermag, lossagen müssen [vgl. hierzu R. Doerr (1950, S. 135—139)]; daß das Acetylcholin das Schockgift sein könnte, ist wohl so wie bei der Maus eine nicht genügend fundierte Annahme.

Es gibt eine Reihe von Tatsachen, welche den Schluß wahrscheinlich machen, daß die Zellen auch unter physiologischen Bedingungen Histamin abgeben, welches dann in das Blut gelangt und dort als Plasma-Histamin nachgewiesen werden kann. Wie sich dieser physiologische Übergang des Histamins aus Zellen in die Körpersäfte vollzieht, ist nicht bekannt; man hat sich nur mit seiner pathologischen Steigerung im anaphylaktischen Schock beschäftigt, so daß es vorläufig dahingestellt bleiben muß, ob dieser nur eine rein quantitative Zunahme eines physiologischen Vorganges oder einen davon verschiedenen, eigenartigen Prozeß darstellt.

Es wurde bereits erwähnt (s. S. 22), daß H. H. Dale davon überzeugt war, daß das Histamin bei jenen Tieren, bei welchen eine Steigerung seiner Konzentration im Blute als Begleiterscheinung des anaphylaktischen Schocks nachweisbar ist, nicht neu erzeugt, sondern nur von Zellen, die es enthalten, abgegeben wird. Dieser Auffassung hat sich auch C. F. CODE, dessen experimentelle Ergebnisse gleichfalls schon besprochen wurden, in überzeugenden Ausführungen angeschlossen. Wer die älteren Epochen der Anaphylaxieforschung kennt, weiß aber, daß diese Ansichten eine grundsätzliche Abkehr von den Hypothesen bedeuten, welche bald auf diesem, bald auf jenem Wege Argumente für die Annahme zu häufen suchten, daß im anaphylaktischen Schock ein fermentativer Abbau von Eiweiß stattfindet, der hochtoxische Spaltprodukte liefert. Diese Forschungsrichtung, in zahllosen Publikationen hartnäckig verteidigt, vermochte sich jedoch nicht durchzusetzen. Aus begreiflichen Gründen kann hier der Kampf nicht ausführlich wiedergegeben werden, der sich auf diesem Gebiete abgespielt hat. Aber es ist jedem, der für den Werdegang wissenschaftlicher Probleme das richtige Verständnis hat, anzuraten, die Literatur jener Periode noch einmal durchzusehen, was durch die Übersichtsreferate aus jener Zeit[1] erleichtert wird. Solcher Rückblick empfiehlt sich nicht nur, weil die Kontinuität der wissenschaftlichen Forschung stets gewahrt werden soll, sondern auch aus dem Grunde, daß die schon als überwunden geltende Theorie der „parenteralen Eiweißverdauung“ in neuerer Zeit wieder in veränderter Form und Begründung aufgenommen wurde. Die an dieser Bewegung beteiligten Autoren sind von verschiedenen experimentellen Ergebnissen ausgegangen und haben ihre Meinungen in verschiedener Art formuliert, so daß es zweckmäßig erscheint, die folgende Darstellung diesem literarischen Tatbestand, soweit als dies möglich ist, anzupassen.

A. J. Bronfenbrenner.

BRONFENBRENNER (1944) beruft sich in einem Artikel "The mechanism of desensitization" auf eigene ältere 1914 und 1915 erschienene Arbeiten[2], aus welchen er geschlossen hatte: 1. daß durch das Vermischen von Antikörper und Antigen in vitro Trypsin aktiviert wird, welches eine proteolytische Selbstverdauung des Serums bewirkt; 2. daß die Gemische, wenn man sie Tieren injiziert, Symptome hervorrufen, welche sich von den anaphylaktischen Reaktionen nicht unterscheiden lassen, und daß entweder das Trypsin selbst oder die im Gemisch gleichfalls vorhandenen Verdauungsprodukte diese Symptome verursachen; 3. daß in normalem Serum, wenn man es in vitro durch Kaolin oder Stärke

[1] R. DOERR 1910, 1914, 1922.

[2] Im Literaturverzeichnis werden nur drei von diesen Arbeiten angeführt. Eine vollständige Liste findet man in dem oben zitierten Artikel BRONFENBRENNERS aus dem Jahre 1944.

adsorbiert, ebenfalls eine Aktivierung der Serumfermente mit anschließender Selbstverdauung stattfindet, wodurch das Serum die Fähigkeit gewinnt, anaphylaxieähnliche Symptome auszulösen, wenn man es Tieren intravenös einspritzt, insbesondere Tieren der Art, von welchen das Serum stammt.

Die zeitgenössische Kritik hat diese Arbeiten BRONFENBRENNERS abgelehnt, wozu der Umstand erheblich beigetragen hat, daß ihr Autor die Antigen-Antikörper-Reaktionen mit der umstrittenen ABDERHALDENschen Reaktion in engste Beziehung brachte; es waren jedoch auch die Versuche, aus denen so weitgehende Schlüsse abgeleitet wurden, durchaus nicht überzeugend. Nachdem aber nunmehr dreißig Jahre verflossen sind, sieht BRONFENBRENNER in den neuen Forschungsergebnissen eine Stütze seiner früheren Auffassungen. Gemeint sind die Angaben, daß Antigen-Antikörper-Reaktionen in vitro aus Blutzellen, aus Hautgewebe oder aus glatten Muskeln Histamin frei machen [G. KATZ (1940), G. KATZ und S. COHEN (1941), G. KATZ (1942), M. ROCHA E SILVA (1940)], und das Trypsin in vitro und in vivo die gleiche Wirkung hat [M. ROCHA E SILVA (1940, 1940a, 1941)]. In der Diskussion der Versuche und Ansichten von ROCHA E SILVA sollen diese Verhältnisse ausführlicher besprochen werden.

Um auf BRONFENBRENNER zurückzukommen, hat dieser Autor schon in seinen alten Arbeiten versucht, eine Brücke zwischen anaphylaktischen und anaphylaktoiden Reaktionen zu schlagen, indem er behauptete, daß die Adsorption von normalem Serum mit Stärke oder Kaolin ein Produkt liefert, das, intravenös injiziert, ähnlich wirkt wie der anaphylaktische Schock (s. oben). Diesen Zusammenhang sucht er auch neuerdings zu wahren und durch ein Schema (s. Abb. 2) zu illustrieren, in welchem außer der Auslösung des Schocks durch Vermittelung von Trypsin auch die Auffassung zur Geltung gebracht wird, daß der Zustand, den man als spezifische Desensibilisierung bezeichnet, nichts mit dem Verhältnis des Antikörpers zum Antigen zu schaffen hat, sondern dadurch bedingt ist, daß die Produkte der proteolytischen Wirkung des Trypsins die Tendenz haben, die weitere Wirkung des Trypsins durch Entstehung der sogenannten „antitryptischen Aktivität“ zu verzögern oder sogar zu verhindern [J. BRONFENBRENNER (1915)]. Nach G. KATZ (1942) wären die antitryptisch wirkenden Verdauungsprodukte, wenigstens zum Teil, Polypeptide.

Wenn es in den ersten Arbeiten von BRONFENBRENNER auffällt, daß aus gleichen oder zumeist nur ähnlichen Wirkungen ohne weitere Analyse auf einen identischen Mechanismus geschlossen wird (Gleichstellung von Antigen-Antikörper-Reaktion und ABDERHALDENscher Reaktion, anaphylaktischer Schock und Toxizität adsorbierten homologen Serums), ist es nicht verständlich, daß später die Histamintheorie als Bestätigung dieser Arbeiten betrachtet wird, da BRONFENBRENNER ursprünglich das Trypsin oder tryptische Abbauprodukte des Serums als pathogene Faktoren auffaßte und von der Idee eines von Zellen an das Blut abgegebenen Giftes weit entfernt war.

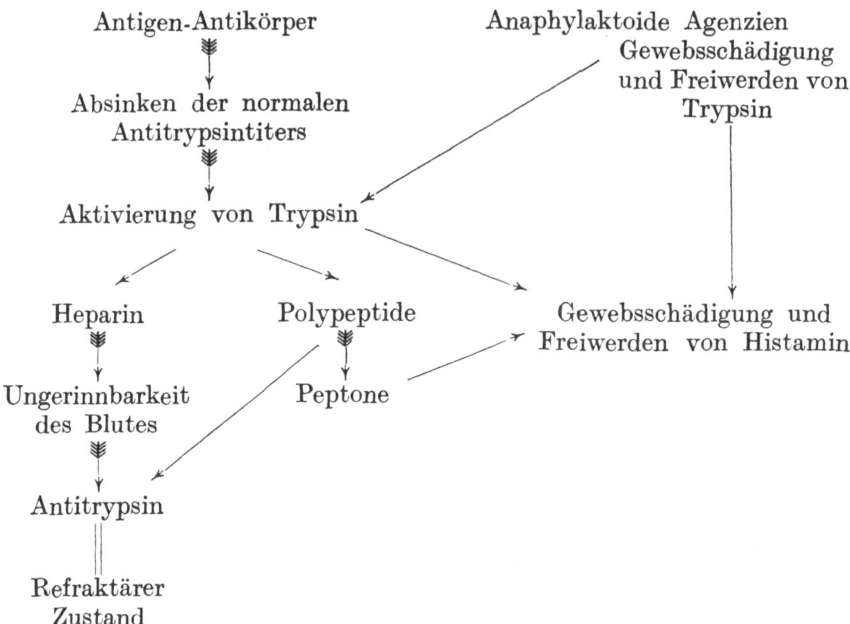

Abb. 2. Schema, welches veranschaulichen soll *a* den Mechanismus des anaphylaktischen Schocks, *b* die Beziehungen zwischen anaphylaktischen und anaphylaktoiden Reaktionen und *c* das Wesen der Desensibilisierung. Nach J. BRONFENBRENNER, Ann. of allergy, 2, 479.

B. Das Lysolecithin.

Schlangengifte und Bienengift enthalten eine Lecithinase, welche, mit Eigelb kombiniert, ein hämolytisches Enzym, das Lysolecithin liefert [W. FELDBERG und C. H. KELLAWAY (1936)]. Nach Untersuchungen von W. FELDBERG, H. F. HOLDEN und C. H. KELLAWAY (1938), W. FELDBERG und C. H. KELLAWAY (1937, 1937a) bewirken nun die genannten Gifte, wenn sie durch die Blutgefäße isolierter Organe durchgeleitet werden, das Freiwerden von Histamin, welches der Vermittelung von Lysolecithin zugeschrieben werden kann, da das isolierte Lysolecithin an sich imstande ist, die Abgabe von Histamin durch Organgewebe auszulösen [FELDBERG, HOLDEN und KELLAWAY], und da E. R. TRETHEWIE (1939) einen Parallelismus der hämolytischen und der histaminliberierenden Wirkung bei einigen Schlangengiften festzustellen vermochte. Daraus könnte man immerhin schließen, daß lysolecithinähnliche Substanzen bzw. das durch sie frei gemachte Histamin an der Toxizität der

Schlangengifte sowie des Bienengiftes beteiligt sind; in welchem Umfange ist jedoch fraglich, schon aus dem Grunde, weil aus Geweben, welche mit Schlangengift in Kontakt gebracht wurden, nicht nur Histamin, sondern noch ein anderer pharmakodynamisch aktiver Stoff frei gemacht wird [FELDBERG und KELLAWAY (1938)]. Das tatsächliche Ausmaß des Anteiles von Histamin an der Pathogenität der Schlangengifte und des Bienengiftes wurde von FELDBERG und seinen Mitarbeitern nicht bestimmt. Dagegen wurde von dieser Forschergruppe ein Versuch gemacht, den Zusammenhang zwischen Lysolecithin und Histaminliberierung durch eine Hilfshypothese verständlich zu machen. In Anlehnung an die Ausführungen von E. K. RIDEAL und J. H. SCHULMAN (1939) über die Reaktionen monomolekularer Filme und ihre biologischen Analogien wird angenommen, daß man sich die Zellstruktur als einen Komplex von monomolekularen Lipoproteinfilmen vorzustellen hat, in welchen das Histamin gebunden ist; werden die Lipine fermentativ abgebaut, so müsse dies das Freiwerden des Histamins zur Folge haben.

Im anaphylaktischen Schock kann jedenfalls die Abgabe von Gewebshistamin an das Blutplasma nicht durch ein hämolytisches Ferment veranlaßt sein. W. FELDBERG (1941) selbst hat in seinem Referat „Histamine and anaphylaxis" betont, daß keine Anhaltspunkte vorliegen, welche für die Intervention hämolytischer Vorgänge beim Zustandekommen der anaphylaktischen Reaktionen sprechen würden. Es müsse also offenbar mehrere Mechanismen geben, welche Gewebshistamin aus seiner Bindung in Zellen zu lösen vermögen; gemeinsam ist, wie dies CODE (1944) betont hat, für alle derartigen Prozesse eine Schädigung der histaminführenden Zellen, über deren Natur wir vorderhand keine bestimmte Aussage machen können. Es wird sich im folgenden noch mehrfach der Anlaß ergeben, auf diesen wichtigen Punkt zurückzukommen.

Zu den von den australischen Autoren angegebenen Wirkungen des Bienengiftes sei bemerkt, daß das gereinigte Bienengift nach M. REINERT (1937) intensiv hämolytisch wirkt und noch in Verdünnungen von 1 : 80000 Paramaecien auflöst. Die Zellschädigung ist demnach besonders intensiv. Das rohe Bienengift enthält 1,5% Histamin; würde man daher Perfusionsversuche mit rohem Bienengift anstellen, so könnte eine Liberierung von Histamin aus Gewebszellen leicht vorgetäuscht werden. Gegen diese Möglichkeit haben sich W. FELDBERG und C. H. KELLAWAY (1937) in ihren oben zitierten Experimenten in doppelter Weise geschützt. Sie bestimmten erstens den Histamingehalt der von ihnen zur Durchströmung der Lunge benützten Bienengiftlösung und fanden, daß in derselben keine bestimmbaren Mengen Histamin vorhanden sein konnten, sicher weniger als 0,2 γ pro Kubikzentimeter. Zweitens untersuchten sie nach der Einleitung des Bienengiftes in die Lungengefäße fortlaufend Proben des Perfusates auf ihren Histamingehalt und gewannen so ein sehr instruktives Bild der Histaminabgabe als Funktion der Zeit. Es stellte sich heraus, daß die Abgabe des Histamins nach einer einmaligen Injektion einer Dosis Gift, welche fünf Bienenstacheln entsprach, keineswegs kritisch, in einem Ruck, sondern so erfolgt, daß nach einem deutlich markierten 60 bis 90 Minuten währenden Anstieg das Maximum erreicht wird, an welches sich ein längerer Abfall anschließt, so daß die nach drei bis vier Stunden gesammelten Proben des Perfusates noch immer Histamin enthielten. Das von einer Meerschweinchenlunge in toto abgegebene Histamin belief sich auf etwas mehr als 9 γ und in der Lunge verblieben noch 3 bis 5 γ, welche beiden Werte sich befriedigend zum Histamingehalt einer nicht perfundierten Lunge (zirka 13 γ) ergänzen.

Im akut letalen anaphylaktischen Schock des Meerschweinchens und in zweiter Linie auch des Hundes muß die Histaminabgabe seitens der Organe weit schneller vor sich gehen und rascher das kritische Maximum erreichen. Meerschweinchen verenden schon 3 bis 6 Minuten nach der intravasalen Erfolgsinjektion und über das Tempo des Prozesses beim Hunde gibt Abb. 1 Aufschluß, aus welcher zu entnehmen ist, daß das Maximum der Histaminkonzentration im Blute bereits in 5 Minuten nach steilstem Aufstieg festgestellt werden kann. Die Differenz zwischen der Wirkung des Bienengiftes und dem akut tödlichen Schock kann dadurch begründet sein, daß die der Histaminabgabe zugrundeliegende Zellschädigung in beiden Fällen verschieden ist. Vielleicht spielt auch der Umstand eine Rolle, daß Feldberg und Kellaway niedrige, jedenfalls nicht akut tödliche Dosen Bienengift injizierten, da die Meerschweinchen mehrere Stunden nach der Giftinjektion noch am Leben waren.

C. Die Proteasen als Hauptfaktoren im Prozeß der Freimachung von Histamin aus histaminhaltigen Geweben.

Das Leitmotiv dieser Forschungsrichtung ist das Prinzip, daß aus der Gleichartigkeit der Wirkungen auf die Identität der basalen Mechanismen verschieden benannter und in verschiedener Art induzierter experimenteller Phänomene geschlossen werden darf. In logischer Folge war daher das Bestreben der beteiligten Autoren darauf konzentriert, die Gleichartigkeit der Wirkungen bis in alle experimentell nachweisbaren Einzelheiten zu verfolgen und Unstimmigkeiten durch Betonung des Gleichartigen an die Peripherie des Gesichtsfeldes zu rücken.

Im Jahre 1907 hatte H. de Waele auf die Analogie der anaphylaktischen Erscheinungen und der Peptonvergiftung aufmerksam gemacht und betont, daß Tiere, die einen anaphylaktischen Schock überstanden haben, gegen eine erneute Antigenzufuhr gerade so geschützt (antianaphylaktisch) sind wie peptonvergiftete gegen nochmalige Peptonwirkung

(Peptonimmunität). Zwei Jahre später teilten A. BIEDL und R. KRAUS (1909) mit, daß Hunde, welchen Peptonum Witte (0,03 bis 0,3 g pro kg Körpergewicht) intravenös injiziert wird, einen Symptomenkomplex zeigen, welcher bis ins Detail dem anaphylaktischen Schock gleiche; sie fanden ferner, daß spezifisch sensibilisierte (aktiv anaphylaktische) Hunde durch eine präventive Peptoninjektion gegen die Probe mit Antigen refraktär werden und daß sie umgekehrt nach dem Überstehen des anaphylaktischen Schocks bis zu einem gewissen Grade für Wittepepton unterempfindlich sind. 1910 berichteten HIRSCHFELDER sowie BIEDL und KRAUS, daß sich ähnliche Verhältnisse auch beim Meerschweinchen feststellen lassen. Meerschweinchen von 300 bis 500 g werden durch intravenöse Injektion von 0,25 bis 0,3 g Wittepepton rasch getötet und, wie BIEDL und KRAUS behaupteten, sollen „die Erscheinungen von Seite des Respirationsmechanismus sowie das physiologische und anatomische Verhalten der Lunge völlig gleich sein den bei der Anaphylaxie wahrnehmbaren". KRAUS und BIEDL ließen daher die anaphylaktischen Symptome beim Hunde wie beim Meerschweinchen durch ein Gift entstehen, welches physiologisch mit dem Wittepepton vollkommen identisch sein sollte. 1910 hoben H. H. DALE und P. P. LAIDLAW die Ähnlichkeit hervor, welche zwischen dem anaphylaktischen Schock und der Histaminvergiftung besteht. BIEDL und KRAUS sind jedoch nicht auf die naheliegende Idee verfallen, daß irgendwelche Beziehungen zwischen Peptonwirkung und Toxizität des Histamins existieren könnten, sondern beschränkten sich in der Folge auf die von DE WAELE und ihnen begründete Peptontheorie, waren aber gezwungen, dieselbe in modifizierter Form zu interpretieren, welche den Kenntnissen über die Natur des Wittepeptons und die Ursache seiner eigenartigen Wirkung gerecht wurde.

Man wußte zu jener Zeit, daß Wittepepton ein wechselnd zusammengesetztes Gemenge von Substanzen darstellt [W. WEICHARDT (1910)], welches durch peptische Verdauung aus Rinderfibrin gewonnen wird. Als wirksamen Bestandteil desselben betrachtete man das Vasodilatin von POPIELSKI, welches durch peptische oder tryptische Verdauung der Eiweißstoffe erhalten werden kann und schon in sehr kleinen Dosen eine Blutdrucksenkung und Herabsetzung der Gerinnbarkeit des Blutes bewirkt. BIEDL und KRAUS dachten sich nun den Zusammenhang zwischen Anaphylaxie und Peptonvergiftung ursprünglich so, daß im Blute aktiv oder passiv präparierter Tiere eine Vorstufe des Vasodilatins kreist, die aus dem Antigen der Vorbehandlung entsteht und durch die Erfolgsinjektion in fertiges Vasodilatin umgesetzt wird. Diese Hypothese mußte aber, kaum entstanden, fallen gelassen werden, da sie sich mit mehreren, zuverlässig fundierten Erkenntnissen in Widerspruch setzte, vor allem mit der Spezifität der Anaphylaxie, die mit der Annahme eines einheitlichen Vasodilatins unvereinbar war, dann aber auch weil die Entstehung eines Stoffes mit antikörperartigen Funktionen aus dem Antigen, so oft sie auch als bequemste Lösung des Problems der Antikörperbildung vorgeschlagen wurde, stets als unhaltbar abgelehnt werden mußte, ein Punkt, den man bei der Beurteilung der Arbeiten von BIEDL und KRAUS nicht übersehen darf.

C. F. CODE (1944) bezeichnet die Publikationen von BIEDL und KRAUS sowie von DALE und LAIDLAW als den Ausgangspunkt einer neuen Epoche der Erforschung anaphylaktischer Reaktionen, weil sie als neues Prinzip die Entstehung toxischer chemischer Stoffe als Vermittler der beobachteten pathologischen Effekte in die bis dahin errungenen Kenntnisse einfügen. Von DALE und LAIDLAW kann man das bis zu einem gewissen Grade gelten lassen, nicht aber von BIEDL und KRAUS, weil die Peptonwirkung nicht von ihnen, sondern von DE WAELE erstmalig beschrieben wurde. Der Verfasser dieser Abhandlung wurde von BIEDL und KRAUS heftig angegriffen, weil er in seinem Handbuchartikel „Allergie und Anaphylaxie“ (1913) die Priorität DE WAELES festgestellt hatte in der Absicht, ihre Verdienste zu schmälern; sie (BIEDL und KRAUS) hätten die Arbeit von DE WAELE nicht gekannt. Das ist natürlich der Fall gewesen. Hatte doch auch W. FELDBERG (1941) ebensowenig wie C. F. CODE dreißig Jahre später von DE WAELE offenbar keine Kenntnis. Aber ich habe die Arbeiten von DE WAELE gelesen und halte es so wie 1913 auch heute für meine Pflicht, den wahren Sachverhalt nach allgemein anerkannten wissenschaftlichen Grundsätzen klarzustellen [s. hiezu BIEDL und KRAUS (1913) und R. DOERR (1913a)].

Das Problem der Peptonvergiftung wurde später nach einem längeren Latenzstadium erneut in Angriff genommen. Die Tatsache der Peptonwirkung konnte ja nicht in Abrede gestellt werden, aber sie wurde als Widerspruch zu den Histamintheorien verschiedener Observanz empfunden. Die Angabe von DALE und LAIDLAW, daß die Wirkung des Wittepeptons auf seinem Histamingehalt beruhen dürfte, wurde bestritten. Es stellte sich allerdings später heraus, daß das Vasodilatin von POPIELSKI nichts anderes war als Histamin und daß es im Wittepepton in größeren Mengen vorkommen kann; aber es konnte gezeigt werden, daß es nicht der wirksame Faktor der dem Pepton selbst eigenen Wirkung sein kann. Es wurden daher die Vorgänge im Peptonschock erneut untersucht und es stellte sich heraus, daß die intravenöse Injektion von Pepton beim normalen Hund eine Ausschüttung von Histamin in das Blut [C. A. DRAGSTEDT und F. B. MEAD (1937)], eine Verminderung des Histamingehaltes der Leber [C. A. HOLMES, G. OJERS und C. A. DRAGSTEDT (1941)], ein Freiwerden von Heparin [A. J. QUICK (1936), E. T. WATERS, J. MARKOWITZ und L. B. JAQUES (1938)] und eine beträchtliche Abnahme der Thrombocyten [A. J. QUICK, R. K. OTA und J. D. BARANOFSKY (1946)] zur Folge hat, Erscheinungen, die man auch im anaphylaktischen Schock des Hundes nachzuweisen vermag. Das Kaninchen reagiert auf die intravenöse Peptoninjektion mit einer Abnahme des Histamins im Blute und Thrombocytopenie, also mit Veränderungen, welche den anaphylaktischen Schock dieser Tierspezies auszeichnen und in vitro geben Kaninchenleukocyten Histamin ab, wenn man Pepton auf sie einwirken läßt [F. R. GOTZL und C. A. DRAGSTEDT (1942)]. Ob man daraus schließen darf, daß alle diese Effekte, weil sie im anaphylaktischen und in dem durch Pepton induzierten Schock gleich sind, auch denselben Mechanismus haben, ist fraglich, da sie ja auf ganz verschiedene Art zustandekommen, nämlich durch eine Antigen-Antikörper-Reaktion einerseits und anderseits durch ein bei der Verdauung von Eiweißkörpern entstehendes toxisches Abbauprodukt. Man ist lediglich zu der Aussage berechtigt, daß das Pepton auf histaminführende Zellen schädigend einwirkt und daß es in die immer länger werdende Liste jener Agenzien eingereiht werden darf, welche aus diesem Grunde Histamin aus seiner intracellulären Bindung lösen.

Kehren wir nach diesem Exkurs zum eigentlichen Thema dieses Kapitels der Histaminliberierung durch proteolytische Fermente zurück.

M. ROCHA E SILVA knüpfte an die Untersuchungen von W. FELDBERG und C. H. KELLAWAY über die histaminliberierende Wirkung von Schlangengiften und Bienengift an. Eigene Untersuchungen [ROCHA E SILVA (1939, 1939a, 1940, 1940b)] führten ihn zu der Überzeugung, daß die Liberierung von Histamin durch diese tierischen Gifte nur dann dem Verständnis restlos erschlossen werden könne, wenn man die Tatsache berücksichtigt, daß sie eine ausgesprochene proteolytische Wirkung entfalten. Denn es konnte gezeigt werden, daß Proteasen vom Typus des Trypsins zu pharmakodynamischen Leistungen befähigt sind, welche sich von jenen der Schlangengifte und des Bienengiftes nicht unterscheiden lassen. Leitet man Trypsin durch die Lunge eines Meerschweinchens, so wird Histamin frei gemacht [ROCHA E SILVA (1939, 1940, 1940b)], eine Angabe, die alsbald von M. R. ARELLANO, A. H. LAWTON und C. A. DRAGSTEDT (1940) bestätigt und durch Experimente an Hunden auf ein anderes Versuchstier ausgedehnt wurde, da festgestellt werden konnte, daß die intravenöse Injektion von Trypsin beim Hunde eine beträchtliche Steigerung der Histaminkonzentration im Blute zur Folge hat; dieses Histamin mußte aus der Leber stammen, da die Untersuchung dieses Organs lehrte, daß sein normaler Histamingehalt im Trypsinschock um 6 bis 10 Milligramm vermindert wurde. Eine ähnliche Reduktion des Histaminvorrates der Leber wurde von G. OJERS, C. A. HOLMES und C. A. DRAGSTEDT (1941) im Gefolge des anaphylaktischen Schocks des Hundes konstatiert. Mit Hilfe des SCHULTZ-DALEschen Tests stellte ferner ROCHA E SILVA (1941) fest, daß Trypsin auf die glatten Muskeln von Säugetieren (Meerschweinchendarm, Meerschweinchenuterus, Darm von

Kaninchen, Katzen und Hunden, virginaler Uterus von Ratten und Mäusedarm) kontraktionserregend wirkt, wobei besonders hervorzuheben ist, daß Trypsin (ebenso wie Schlangen- und Bienengift) auch den virginalen Rattenuterus zur Kontraktion bringt, während Histamin unwirksam ist. Mit der gleichen Technik wurde ferner ein interessantes Desensibilisierungsphänomen aufgezeigt. Wenn man den virginalen Uterus eines sensibilisierten Meerschweinchens durch eine bestimmte nicht zu hohe Antigenkonzentration zur Kontraktion gebracht hat, kann man bekanntlich durch erneute Einwirkung der gleichen Antigenmenge kein positives Resultat erzielen; dagegen besteht kein refraktäres Verhalten gegen eine kleine Trypsindosis. Wenn man die Reihenfolge umkehrt und den Uterus gegen kleine Trypsindosen festigt, so büßt er seine Reaktionsfähigkeit auf Antigen nicht ein. Diese Unmöglichkeit einer gekreuzten Desensibilisierung mit Antigen gegen Trypsin und umgekehrt, konnte auch in vivo am Kaninchen festgestellt werden. Allerdings sind Kaninchen, die mit einem Antigen aktiv präpariert wurden, schwer zu desensibilisieren, und wenn sie gut sensibilisiert sind, so reagieren sie mit einem Schock, in welchem sich das refraktäre Verhalten gegen Antigen mit dem einzigen Indikator, der Blutdrucksenkung, naturgemäß nicht nachweisen läßt. Rocha e Silva (1940a) hat jedoch gezeigt, wie man diese beiden experimentellen Hindernisse umgehen kann. Wenn man einem sensibilisierten Kaninchen das Antigen intravenös injiziert, sinkt der Blutdruck, und wenn man nun beide Vagi durchschneidet, so steigt er rapid wieder bis zur früheren Höhe an; zu dieser Zeit erweist sich eine zweite Antigeninjektion als wirkungslos. Ferner hatte Rocha e Silva (1939a, 1940b) gefunden, daß man bei normalen Kaninchen durch wiederholte kleine Trypsinmengen eine gewisse Desensibilisierung gegen Trypsin erreichen kann. Versetzt man ein sensibilisiertes Kaninchen in diesen Zustand relativer Trypsinresistenz, so reagiert es auf Antigen mit unverminderter Intensität und wenn man im anaphylaktischen Schock beide Vagi durchtrennt und durch diese Operation den normalen Blutdruck und zugleich die Unwirksamkeit erneuter Antigenzufuhr erreicht hat, so bewirkt 1 mg Trypsin eine zum Tode führende Blutdrucksenkung. Rocha e Silva schließt aus diesen Versuchsergebnissen, daß — abgesehen von anderen Möglichkeiten — die Angriffspunkte der beiden Substanzen nicht identisch sein könnten, ein Zugeständnis, das trotz seiner Verklausulierung inhaltlich bedeutungsvoll und bei den Anhängern der Gifttheorien nicht gerade häufig ist.

Waren bisher die Experimente, welche sich mit der Mobilisierung von Histamin durch Trypsin beschäftigten, hinsichtlich der Fragestellung und der Verwertung der Resultate noch relativ leicht zu überschauen, so brachte die Folgezeit eine Fülle von neuen Problemen und eine im Initialstadium nicht voraussehbare Verzweigung des einem einheitlichen Ziel zustrebenden Weges. Der Verfasser ist sich seines Unvermögens bewußt, dieses „Tatsachengeröll" durch eine geordnete Darstellung zu meistern. Unter diesem Vorbehalt sind die folgenden Angaben zu bewerten.

Rocha e Silva folgte zunächst dem Weg, auf den ihn die Arbeiten von S. Edlbacher, P. Jucker und H. Baur (1937) sowie von D. A. Ackermann und W. Wasmuth (1939, 1939a) leiteten, aus welchen hervorging, daß gewisse Aminosäuren (Arginin und Histidin) einerseits die Wirkung des Histamins auf glatte Muskeln, anderseits die kontraktionserregende Wirkung des Antigens auf sensibilisierte Gewebe antagonistisch beeinflussen. D. Ackermann (1939) hatte daraus den Schluß gezogen, daß Histamin das die anaphylaktische Kontraktion des Meerschweinchenuterus vermittelnde chemische Agens sein müsse. Diese keineswegs einwandfreie Folgerung suchte nun Rocha e Silva in Gemeinschaft mit Dragstedt und Essex [Rocha e Silva und Dragstedt (1941), Dragstedt und Rocha e Silva (1941), Rocha e Silva und H. E. Essex (1942)] für die These der Liberierung von Histamin durch Trypsin nutzbar zu machen, war aber zu einer bemerkenswerten Einschränkung gezwungen. C. H. Kellaway und E. R. Trethewie (1940) waren nämlich inzwischen zu der Überzeugung gekommen, daß sich die anaphylaktische Reaktion glatter Muskeln in zwei Komponenten zerlegen läßt, in eine sofortige, durch Histaminabgabe verursachte, und eine langsame, durch Freiwerden einer vermutlich ähnlichen, aber verzögert wirkenden Substanz ("slow reacting substance"). Später gab Threthewie (1942) bekannt, daß man die "slow reacting substance" durch Perfusion der Leber des Kaninchens erhalten könne. Da aber Arginin und Histidin sowohl die Reaktion des Meerschweinchendarmes auf Antigen wie auf Trypsin in vitro paralysieren können, sei der Schluß gerechtfertigt, daß diese Aminosäuren auch als Antagonisten der "slow reacting substance" zu gelten haben.

Es wurden aber auch Untersuchungen veröffentlicht, welche mit der Auffassung unvereinbar waren, daß die Wirkung des Trypsins zur Gänze darauf beruhe, daß das Trypsin Histamin frei macht, daß also das Trypsin nur mittelbar zum Schockgift wird. So mußten sich J. A. Wells, H. C. Morris und C. A. Dragstedt (1946) davon überzeugen, daß Benadryl, welches injiziertes oder frei gewordenes Histamin als mächtiger Antagonist unschädlich macht, unfähig ist, die tödliche Wirkung des Trypsins auf Meerschweinchen oder Hunde abzuschwächen. Die zitierten Autoren kommen zu dem Schluß, "that the histamine hypothesis, relative to the toxicity of trypsin, requires reconsideration". In der gleichen Arbeit wurde aber noch eine andere, früher gläubig hingenommene Angabe richtig gestellt, nämlich die Erhöhung des Histaminspiegels im Blute des Hundes im Gefolge eines Trypsinschocks. Sie beruhte auf einer nicht beweiskräftigen Methode des Histaminnachweises, auf der sogenannten Trypanblaureaktion, und auf der geringen Zahl der Experimente. Daher müßten die Resultate verworfen bzw. dahin abgeändert werden, daß die durch Perfusion der Leber des Hundes mit einer Trypsinlösung gewonnenen Histaminmengen sehr klein sind, auch wenn die Dauer der Perfusion 30 bis 45 Minuten beträgt. Ferner wird festgestellt, daß die Liberierung von Histamin bei der Durchströmung der isolierten Meerschweinchenlunge mit Trypsinlösung keine Bedeutung für die Toxizität des Trypsins für das intakte Meerschweinchen haben könne, weil die charakteristischen Veränderungen der Lunge, welche Histamin verursacht, bei dem im Trypsinschock verendeten Meerschweinchen fehlen. Es bleiben also, meinen WELLS, MORRIS und DRAGSTEDT, nur die Wirkungen des Trypsins auf Kaninchenblut in vitro und in vivo übrig, welche noch die Histaminhypothese stützen könnten; in summa sprächen alle (hier kurz wiedergegebenen) Beobachtungen dafür, daß das Histamin keine wesentliche Bedeutung für die Toxizität des Trypsins haben könne. Hiezu kommt noch, daß Trypsin beim Hunde keine Abgabe von Heparin bewirkt [H. J. TAGNON (1945)], was nicht der Fall sein könnte, wenn Trypsin durch frei gemachtes Histamin zur Gänze oder auch nur vorwiegend wirken würde.

Die Mitteilung von J. A. WELLS und seinen Mitarbeitern, zu welchen auch C. A. DRAGSTEDT gehörte, nimmt, wie eben auseinandergesetzt wurde, einen Standpunkt ein, der eine eindeutige Ablehnung der Idee von ROCHA E SILVA bedeutet, daß die Wirkung des Trypsins auf seine histaminliberierende Eigenschaft zurückzuführen sei. ROCHA E SILVA ließ sich aber, wie seine fortlaufenden Publikationen lehren, von seinem Leitmotiv nicht ablenken, und war unausgesetzt bemüht, neue experimentelle Beweise zu erbringen. Er fand zunächst, daß die Abgabe von Histamin, welche durch Perfusion von Organen mit verschiedenen Agenzien ausgelöst werden kann, davon abhängig ist, ob das Agens in Tyrodelösung oder mit Blut als Vehikel durch die Gefäße geleitet wird. So war Trypsin in Tyrodelösung befähigt, aus der isolierten Leber von Hunden Histamin frei zu machen, allerdings wie die oben zitierten Untersuchungen von J. A. WELLS und Mitarbeitern lehrten, nur in geringem Ausmaß, während Pepton, Ascaridenextrakt oder Antigen (falls die Leber von einem aktiv präparierten Hunde stammte) Blut als Medium der Perfusionsflüssigkeit erforderten [ROCHA E SILVA und A. GRANA (1946), ROCHA E SILVA (1946)]; das Blut wurde für diesen Zweck nach der Siliconmethode von L. B. JACQUES und Mitarbeitern, welche alle Blutbestandteile intakt läßt, für die Versuchsdauer ungerinnbar gemacht. Die Notwendigkeit der Beihilfe des Blutes für die Wirkung bestimmter Agenzien auf das intakte Tier oder auf die perfundierten Organe [ROCHA E SILVA, A. E. SCROGGIE, E. FIDLAR und L. B. JACQUES (1947), E. FIDLAR und E. F. WATERS (1946)] brachten nun die früheren Angaben von G. KATZ (1940/41) sowie von G. KATZ und S. COHEN (1941) wieder in Erinnerung und veranlaßten

Rocha e Silva, das Augenmerk auf die Rolle der Blutplättchen zu richten. Die histologische Untersuchung einer mit Pepton plus Siliconblut perfundierten Leber zeigte, daß Thrombocyten in verschiedenen Stadien der Desintegration im Parenchym nachweisbar waren, und daß der Grad der Schädigung dieser Elemente in einem gewissen Verhältnis zu den Mengen von Histamin und Heparin stand, welche die Perfusion des Organs aus dem Lebergewebe mobilisiert hatte. Wurde dagegen durch Heparin ungerinnbar gemachtes Blut als Medium für die Perfusion verwendet, so wurde wenig oder kein Histamin ausgeschwemmt und die Blutplättchen zeigten keine destruktiven Veränderungen. Da die Blutplättchen nach N. K. Jyengar (1942) eine Kinase für Plasmatrypsin enthalten, stellte Rocha e Silva in Gemeinschaft mit R. M. Texeira (1946) die Hypothese auf, daß durch ihren Zerfall ein proteolytisches Ferment, höchstwahrscheinlich Trypsin aktiviert wird, welches nun seinerseits Zellschädigungen verursacht, welche dann die Abgabe von Histamin und Heparin ermöglichen.

Auf die Rolle der Thrombocyten ist M. da Silva [W. O. Cruz und M. da Silva (1949)] in einer anderen Form zurückgekommen. In Anlehnung an frühere Arbeiten stellten Cruz und da Silva durch Immunisierung von Kaninchen mit den Thrombocyten von Hunden, Meerschweinchen und Ratten Antithrombocytensera her; ein Antiserum gegen Kaninchenthrombocyten wurde durch intraperitoneale Injektionen von Meerschweinchen gewonnen. Große Dosen dieser Antisera riefen, intravenös injiziert, bei allen Tieren, gegen deren Thrombocyten sie gerichtet waren, anaphylaktoide Schocksymptome hervor, die in einem je nach der Art der Versuchstiere verschiedenen Prozentsatz letal endigten, anderseits bei Tieren, welche den Schock überlebten, das typische Bild der auf Zerstörung der Blutplättchen beruhenden experimentellen Purpura erzeugten. Daraus wurde geschlossen, daß der anaphylaktische Schock, der Trypsin- und der Peptonschock sowie die experimentelle Purpura einen gemeinsamen Mechanismus zu haben scheinen. Immerhin „scheinen". Nichtsdestoweniger erreicht hier das Bestreben, auf Grund von pathologischen Erscheinungsbildern, auch wenn sie nur entfernte Ähnlichkeiten aufweisen, auf eine identische Pathogenese zu schließen (s. S. 32) ein Maximum. Überdies setzt sich Rocha e Silva, dessen ganzes Bestreben auf den Beweis für die dominierende Rolle des Histamins konzentriert war, mit sich selbst in Widerspruch. Denn die Ratte reagierte in den beschriebenen Versuchen keineswegs schwächer als die anderen Versuchstiere (von sieben Ratten starben fünf im Schock und zwei boten die Zeichen der Purpura) und auf die Ratte läßt sich die Histamintheorie nicht anwenden [R. Doerr (1950), S. 137f]. Im gleichen Jahre erschien eine zweite Arbeit, welche sich ebenfalls mit den Wirkungen der Antithrombocytensera befaßt und in sachlicher Beziehung die Angaben von W. O. Cruz und M. DA SILVA bestätigt [H. MOUSSATACHE und V. O. CRUZ (1949)]. Es wird aber hervorgehoben, daß der durch Antiplättchenserum hervorgerufene Schock des Hundes ohne Veränderung des Histaminspiegels im Blute abläuft, während der Pepton- und der Trypsinschock des Hundes von einer Zunahme des Bluthistamins begleitet werden, was mit dem Bestreben von CRUZ und M. DA SILVA, alle Schockformen unter einen Hut zu bringen, unvereinbar ist.

Anders zu bewerten sind die Versuche von ROCHA E SILVA und M. ANDRADE (1943), in welchen das Papain, ein Gemisch proteolytischer Fermente bei p_H 7,3 bis 7,5 fraktioniert und nachgewiesen wurde, daß die Fähigkeit des Papains Histamin aus Geweben frei zu machen parallel geht mit seinem Vermögen Benzoyl-l-Arginin-Amid zu spalten. Da nun Trypsin nach ROCHA E SILVAS Untersuchungen ebenfalls einerseits Histamin frei macht und anderseits auf Benzoyl-l-Arginin-Amid oder Benzoyl-l-Lysin-Amid spezifisch eingestellt ist, gelangte ROCHA E SILVA zur Überzeugung, daß das Histamin in der lebenden Zelle größtenteils durch Arginin oder Lysin gebunden ist und durch ein Ferment frei gemacht

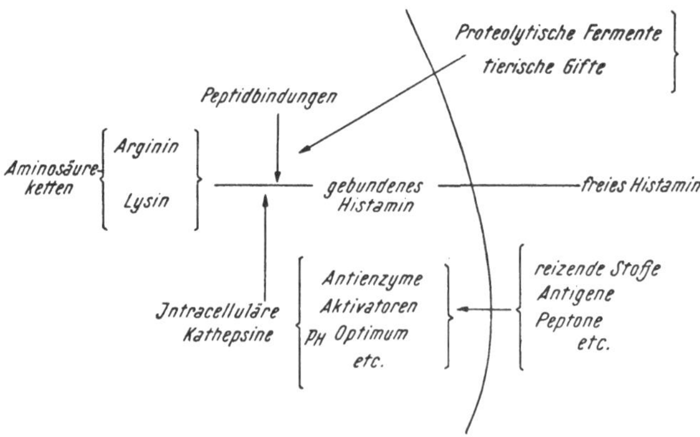

Abb. 3. Die Kettenreaktionen, welche an dem Prozeß der Histaminliberierung beteiligt sein könnten. Nach ROCHA E SILVA, J. of Allergy **15**, 399 (1944).

werden kann, welches mit dem Trypsin die spezifische Einstellung teilt. Bekräftigt wurde diese Annahme durch die Tatsache, daß Chymotrypsin, welches die genannten Amide nicht anzugreifen vermag, auch der Fähigkeit aus Zellen Histamin frei zu machen fast völlig beraubt ist. Wenn man nun diese Vorstellungen auf das System der intracellularen Cathepsine ausdehnt, kommt man zu dem Schlusse, daß es wahrscheinlich das Cathepsin II ist, welches das Histamin frei macht, wenn eine Aktivierung intracellularer Cathepsine angenommen werden kann. Denn das spezifische Substrat für Cathepsin II ist nach FRUTON, IRVING und BERGMANN (1941) Benzoyl-l-Arginin-Amid oder Benzoyl-l-Lysin-Amid. Diese Tatsachen und

Überlegungen hat ROCHE E SILVA (1942) zu einem nachstehend reproduzierten Schema kondensiert, welche die möglichen Verbindungen des Histamins mit den Zellproteinen und die Kettenreaktionen, welches an der Freimachung des Histamins beteiligt sein könnten, veranschaulichen sollte. Das Schema unterscheidet zwei Gruppen von histaminliberierenden Substanzen, nämlich 1. solche, welche indirekt durch Aktivierung von Zell-Cathepsinen wirken, und 2. proteolytische Enzyme und tierische Gifte, welche unmittelbar wirken dürften, indem sie die Peptidbindungen des Histamins mit den Zellproteinen sprengen. Des hypothetischen Charakters dieses Schemas war sich ROCHA E SILVA bewußt, wie schon aus der Unterschrift des Schemas, die hier deutsch wiedergegeben wird, hervorgeht.

Daß sich ROCHA E SILVA auf die Arbeiten von S. EDLBACHER und Mitarbeitern sowie von D. ACKERMANN gestützt hat, wurde bereits an anderer Stelle betont (s. S. 37). Es wäre indes, an diese Beziehungen anknüpfend, eines interessanten Versuches zu gedenken, die Toxizität des Histamins auf seine chemische Konstitution zurückzuführen, eines Versuches, an dem auch ROCHA E SILVA beteiligt war. EDLBACHER, JUCKER und BAUR hatten, um dies hier zu rekapitulieren, gezeigt, daß einige Aminosäuren (Arginin, Histidin und Cystein) imstande sind, die Wirkung des Histamins auf den isolierten Meerschweinchendarm zu paralysieren. D. ACKERMANN und W. WASMUTH (1939) bestätigten diese Angaben und ACKERMANN (1939) kam auf Grund ausgedehnter Untersuchungen von Argininderivaten zu dem Ergebnis, daß das im Argininmolekül vorhandene Guanidyl-Radikal[1] für seine antagonistische Wirkung verantwortlich zu machen sei. Daher nahm ACKERMANN an, daß die Imingruppe im Arginin und im Imidazolring des Histidins mit der = N.H-Gruppe im Imidazolring des Histamins in Wettbewerb treten könne. Wenn ein erheblicher Überschuß von Arginin oder Histidin dem Bad zugefügt wird, in welchem sich der Meerschweinchendarm befindet, hat das Histamin keine Möglichkeit, sich mit den bereits abgesättigten

[1] 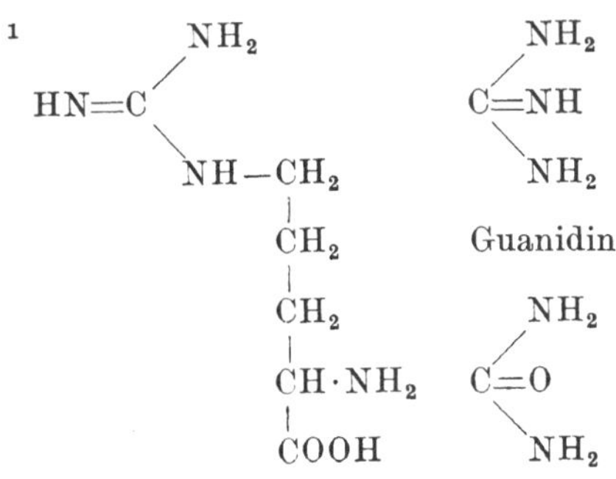

Das Arginin entsteht durch Eintritt des Guanidins in die Aminovaleriansäure. Das Guanidin erhält man, wenn man im Harnstoff das Sauerstoffatom durch den Iminrest ersetzt.

Rezeptoren der glatten Muskulatur zu verbinden und seine typische Reizwirkung zu entfalten. Wird aber eine Partialstruktur des Histamins, nämlich der Iminrest = NH des Imidazolringes für seine Verankerung an glatte Muskeln verantwortlich gemacht, so kann dieselbe Struktur nicht auch die Ursache seiner Toxizität sein; in der Tat ist ja eben diese Struktur auch in der Formel des atoxischen Histidins sowie des Arginins vertreten (siehe die Formeln in der Fußnote S. 41 und auf S. 23; sie müßte also in der Seitenkette und zwar in der Amidgruppe —NH_2 gesucht werden. Diese ist zwar ebenfalls im Histidin und im Arginin vorhanden, aber unwirksam, weil sie durch die Carboxylgruppe blockiert wird; das giftige Histamin geht ja aus der ungiftigen Aminosäure Histidin durch Decarboxylierung hervor. Sind nun tatsächlich die zwei Funktionen des Histamins, die Verankerung an die Zellrezeptoren und die toxische Auswirkung dieser Verankerung an zwei verschiedene chemische Träger gebunden, so wäre damit die Möglichkeit gegeben, sie voneinander derart zu trennen, daß der Zellrezeptor bei gleichzeitiger Blockierung der toxophoren Gruppe intakt bleibt. Als Resultat sollten dann Verbindungen entstehen, welche durch ihren chemischen Aufbau dem Histamin weitgehend gleichen, aber atoxisch sind und die pharmakodynamische Wirkung des Histamins verhindern, also, durch die übliche Bezeichnung charakterisiert, in die Kategorie der Antihistaminica gehören. Rocha e Silva (1949) untersuchte fünf Verbindungen von Histamin mit Aminosäuren, welche die Postulate der fehlenden Toxizität und der antihistaminotischen Eigenschaft erfüllten, nämlich Acetyl-dehydrophenylalanyl-histamin, Carbobenzoxy-1. Tyrosyl-Histamin, Benzoyl-1. Tyrosyl-Histamin, Acetyl-d. 1. phenylalanyl-Histamin und Carbobenzoxy-1. Leucyl-Histamin. Diese eigens zu diesem Zwecke synthetisierten Kombinationen von Histamin mit Aminosäuren enthielten durchwegs den frei gebliebenen Imidazolring mit der = NH-Gruppe, aber die Ankoppelung der carboxyl-haltigen Aminosäuren hatte die toxophore Amidgruppe = NH_2 blockiert. Alle fünf Verbindungen entfalteten, am Meerschweinchendarm als Testobjekt geprüft, Antihistamin-Effekte von derselben Größenordnung wie die Argininderivate oder Histidinhydrochlorid. Zeigt somit die verankernde (haptophore) Gruppe des Histamins eine weitgehende Unabhängigkeit von der toxophoren, so könnte, wenn alle hier entwickelten Vorstellungen den wahren Sachverhalt widerspiegeln, die Umkehrung dieses Verhältnisses nicht möglich sein, da ja die Verankerung an die Zellrezeptoren die notwendige Voraussetzung für die Auswirkung der toxophoren Gruppe sein müßte. Auch diese, aus der Theorie direkt abgeleitete Folgerung ließ sich bestätigen.

G. A. Alles, B. B. Wisgraver und M. A. Shull (1943) stellten drei Derivate des Histamins dar, welche sich von diesem durch die Einführung der Methylgruppe an bestimmten Stellen unterschieden:

$$\begin{array}{ccc} & CH & \\ HN_1 & ^2 & {}_3N \\ | & & | \\ HC^5 & — & ^4C\cdot CH_2\cdot CH_2NH_2 \\ & & \beta\quad\ \alpha \end{array}$$

Histamin

$$\begin{array}{ccc} & CH & \\ HN & & N \\ | & & | \\ HC & — & C\cdot CH_2\cdot CH(NH_2)\cdot CH_3 \end{array}$$

α-Methylhistamin

$$\begin{array}{ccc} & CH & \\ HN & & N \\ | & & | \\ CH_3\cdot C & — & C\cdot CH_2\cdot CH_2NH_2 \end{array}$$

5-Methylhistamin

$$\begin{array}{ccc} & CH & \\ HN & & N \\ | & & | \\ CH_3\cdot C & — & C\cdot CH_2\cdot CH(NH_2)\cdot CH_3 \end{array}$$

α, 5-Dimethylhistamin

Auf Dünndarmstreifen von Meerschweinchen wirkten alle vier Verbindungen kontraktionserregend, aber der Effekt der α- und 5-Methylderivate war 100 bis 300mal schwächer als jener des Histamins und die Wirkung des α-5-Dimethylderivates war noch geringer. Die blutdrucksenkende Wirkung des Histamins auf den Hund war ebenfalls 100mal stärker als jene der Monomethylhistamine und 1000mal stärker als jene des α-5-Dimethylhistamins. An isolierten Dünndarmstreifen, vom Kaninchen und von der Maus geprüft, erwiesen sich das Histamin und seine Methylderivate als relativ unwirksam.

Schließlich prüfte ROCHA E SILVA die Stärke des Antihistidin-Effektes einiger Argininverbindungen und kam zu folgender Reihe:

Benzoyl-1. Arginin-amid = Histidinmonochlorid = Histaminderivate > Benzoyl-1. Arginin > Argininmonochlorid > Argininsäure.

Daraus ging hervor, daß durch Blockierung der Gruppe α-NH_2 oder der Gruppe —COOH oder beider der Antihistamin-Effekt der Argininverbindungen bis zu einem bestimmten Maximum verstärkt wird, wahrscheinlich weil die Imingruppe = NH, welche die Verankerung an die Zellrezeptoren besorgt, die Möglichkeit behält, ihre Aktivität bis zur Absättigung der Receptoren voll zu entfalten. Auch dies stützt die Hypothese von D. ACKERMANN (1939), daß der Iminrest = NH im Imidazolring die Verankerung des Histamins an die Receptoren der glatten Muskeln bewirkt, und in weiterer Folge dieser Hypothese den Schluß, daß die haptophore und die toxophore Funktion des Histamins auf zwei verschiedene Strukturen des Moleküls verteilt sind.

Es wurde nun versucht, diese in vitro am Meerschweinchendarm erzielten Ergebnisse auf das intakte Tier auszudehnen. Aber die Resultate waren unbefriedigend, da es sich herausstellte, daß man 50 bis 100 g Arginin intravenös injizieren müßte, um ein Meerschweinchen von 400 bis

500 g gegen eine tödliche Histamindosis zu schützen; rechnungsgemäß betrug nämlich das Verhältnis von antihistaminisch wirkendem Arginin zum Histamin 250000 : 1. Ebenso war der Antihistamineffekt, am intakten Hund geprüft, nicht überzeugend. ROCHA E SILVA (1944), der über diese Experimente berichtet hat, meint hiezu, daß es unwahrscheinlich sei, daß das Arginin irgendeine Bedeutung für die Behandlung allergischer Krankheiten gewinnen werde, da man ungeheure Dosen injizieren müßte, um auch nur kleine Mengen von aus Geweben mobilisiertem Histamin antagonistisch zu beeinflussen. Wenn man aber auf ein therapeutisches Ziel lossteuerte, wäre es rational gewesen, mit Versuchen am intakten Tier zu beginnen, und wenn man diesen Weg eingeschlagen hätte, so wäre die hier diskutierte Theorie gar nicht entstanden, denn sie war eben vollständig auf einen einzigen Test, auf das Verhalten des Meerschweinchendarmes aufgebaut, ein Fehler, der ja auch an der Überschätzung der SCHULTZ-DALEschen Probe methodologisch beteiligt war, und der von D. ACKERMANN (1939) erneut begangen wurde.

ACKERMANN stellte nämlich fest, daß der Darm eines mit artfremdem Serum sensibilisierten Meerschweinchens durch das Antigen nicht zur Kontraktion gebracht werden kann, wenn dem Bade, in welchem der Darm suspendiert ist, vorher Arginin, Histamin oder Spermin zugesetzt wurde oder wenn man das Serum und das Arginin gleichzeitig einwirken läßt. Auch soll es möglich sein, die durch Serum ausgelöste Kontraktion auf halbem Wege, d. h. im Beginne durch Argininzusatz abzubremsen, was ACKERMANN für einen besonders überzeugenden Beweis der Beteiligung des Histamins am anaphylaktischen Schock hielt. Dieser Beweis ist aber völlig an eine bestimmte Versuchsanordnung gebunden, welche keineswegs als ein Äquivalent der anaphylaktischen Reaktion eines tierischen Organismus bewertet werden kann. Das gilt für die Experimente am Meerschweinchendarm ebenso wie für den SCHULTZ-DALE-Test am Uterushorn des Meerschweinchens. Wenn der Uterus eines sensibilisierten Meerschweinchens auf Antigenkontakt mit einer Kontraktion reagiert, muß das Tier selbst auf eine Erfolgsinjektion von Antigen nicht notwendigerweise mit dem anaphylaktischen Syndrom antworten, und umgekehrt. Im vorliegenden Falle war der Antagonismus des Arginins gegen Antigenkontakt nur durch den an quantitative Bedingungen weniger gebundenen Versuch am Meerschweinchendarm nachweisbar, denn im intakten Meerschweinchen ist die schützende Wirkung des Arginins, wie oben ausgeführt, experimentell nicht festzustellen. ACKERMANN wusch ferner den Darm der sensibilisierten Meerschweinchen, nachdem er auf Antigenkontakt reagiert hatte, mehrmals mit warmer Tyrodelösung und fand, daß er zwar nicht zum zweiten Male auf Antigen, wohl aber auf Histamin reagierte. „Somit schließt die anaphylaktische Reaktion die Histaminreaktion ein, aber nicht umgekehrt". Auch diese Aussage war nur sehr bedingt richtig, da man ein- und dasselbe Organ, z. B. den sensibilisierten Uterus des Meerschweinchens, mehrere Male durch Antigen zur Kontraktion bringen kann [Coca und Kosakai (1920), Walzer und Grove (1925), R. Doerr (1933)]. Es hängt das nur von der Dosierung und wohl auch vom Testobjekt ab; es ist bekannt, daß der Meerschweinchendarm leicht seine anaphylaktische Reaktivität einbüßt.

In der Folge war man bei der Einschätzung der Antihistaminica sowohl hinsichtlich ihres praktischen Wertes für die symptomatische Bekämpfung der allergischen Krankheiten wie auch in der Beschaffung der experimentellen Argumente für ihre therapeutische Verwendbarkeit nicht so einseitig. Fast gleichzeitig und zum Teil sogar noch etwas früher als die Arbeiten von Edlbacher und seinen Mitarbeitern und von D. Ackermann waren Publikationen erschienen wie die von D. Bovet und A. M. Staub (1937), A. M. Staub (1939), S. R. Rosenthal und D. Minard (1939) u. a., welche den Antagonismus der als Antihistaminica empfohlenen Präparate durch eine vielseitigere Prüfung, insbesondere durch die Feststellung der Unterdrückung des anaphylaktischen Schocks von Kaninchen und namentlich von Meerschweinchen zu erhärten versuchten. Aber bei der Verfolgung dieser neuen, insbesondere von der pharmazeutisch orientierten Industrie geförderten Richtung ergab sich ein neuer Widerspruch zwischen theoretischer Erwartung und experimentellen Resultaten. Die synthetischen Antihistaminica wurden, wie das die Fragestellung erforderte, in zweifacher Hinsicht quantitativ geprüft, nämlich einerseits auf ihre Fähigkeit, die Histaminvergiftung antagonistisch zu beeinflussen, anderseits auf ihre antianaphylaktische Wirksamkeit im aktiv anaphylaktischen Versuch. Als Versuchstiere wurden fast ausschließlich Meerschweinchen verwendet. Es trat ein Widerspruch insofern zutage, als die Fähigkeit, die Vergiftung mit höheren Dosen von Histamin zu paralysieren, innerhalb weiter Grenzen schwankte, während die antianaphylaktische Wirkung von der Art der Antihistaminica unabhängig, d. h. immer gleich war. Statt des logischen Schlusses, daß die Gleichstellung der anaphylaktischen Reaktion mit einer Histaminvergiftung nicht oder nur partiell richtig sein könne, wurde die eigenartige und willkürliche Annahme zu Hilfe genommen, daß im anaphylaktischen Schock immer nur eine letale Histamindosis mobilisiert wird, und daß man daher die antianaphylaktische Wirksamkeit mit dem Neutralisationsvermögen für mehrfach tödliche Histamindosen nicht vergleichen dürfe [S. Friedländer, S. M. Feinberg und A. R. Feinberg (1946), J. M. Rose, A. R. Feinberg, S. Friedländer und S. M. Feinberg (1947)][1]. Durch solche nicht oder mangel-

[1] Eine an Pyribenzamin und Benadryl durchgeführte Untersuchung von St. Marcus (1947) hat keine prinzipielle Bedeutung.

haft bewiesene Hilfsannahmen verrät sich aber die Schwäche jeder Theorie. BR. ROSE (1947, S. 547) schreibt zwar: "It must be emphasized at the outset, that the histaminetheory does not pretend and never claimed to reduce all the manifestations of the antigen-antibody reaction to histamine effects" und zitiert als Beleg den zusammenfassenden Artikel von W. FELDBERG (1941) „Histamine and anaphylaxis". Wenn man jedoch liest, wie FRIEDLÄNDER sowie J. M. ROSE und ihre Mitarbeiter die Tatsache zu erklären suchen, daß sich die antianaphylaktische Wirksamkeit der synthetischen Antihistaminica mit ihrer Fähigkeit die Histaminvergiftung antagonostisch zu beeinflussen nicht deckt, muß man doch zweifeln, daß stets die gebotene Zurückhaltung beachtet wird. Übrigens wurden auch noch andere Unterschiede zwischen dem anaphylaktischen Schock und der Histaminvergiftung ermittelt. So kann ein hoher Prozentsatz von Meerschweinchen durch die Inhalation von Pyribenzamin-Aerosol gegen die unmittelbaren Folgen des anaphylaktischen Schocks geschützt werden, aber einige Meerschweinchen verenden innerhalb der nächsten 24 Stunden aus irgendeinem anderen Grunde [R. L. MAYER, D. BROUSSEAU und P. C. EISMAN (1947)]; die gleiche Dosis Pyribenzamin schützt Meerschweinchen gegen die 15fache letale Dose Histamin vollständig. Papaverin schützt 53 Prozent der Meerschweinchen vor dem anaphylaktischen Schock, kann aber die akute Histaminvergiftung nicht paralysieren [E. D. FRANK (1946)]. Und in diesen beiden Fällen werden die Wirkungen von Anaphylaxie und Histaminvergiftung auf das lebende Tier miteinander verglichen und nicht wie bei den schon besprochenen Untersuchungen über Arginin und Argininderivate, Histidin, Spermin, wo dieser Vergleich unmöglich war, nur durch Experimente am isolierten Meerschweinchendarm; man erkennt auch hier wieder, wie unsicher die Ergebnisse einer so einseitig orientierten Methodik notwendigerweise sein müssen, da dieselbe in den Versuchen von ROCHA E SILVA und D. ACKERMANN weitgehendste Übereinstimmung zwischen Anaphylaxie und Histaminvergiftung ergab, während die Prüfung am lebenden Tier fundamentale Unterschiede aufdeckte, zumindest in dem Sinne, daß im anaphylaktischen Schock außer der Liberierung von Histamin ein anderer wesensverschiedener Prozeß eine entscheidende Rolle spielen muß. Das komparative Studium der Antihistaminica könnte wahrscheinlich noch andere Differenzen enthüllen. Schließlich wäre auch die Überlegung nicht so abwegig, wie es auf den ersten Blick scheinen mag, warum nicht das Histamin selbst ebenso eine Ausschüttung von Histamin aus den Geweben verursacht wie eine zellständige Antigen-Antikörper-Reaktion. Nach den derzeit herrschenden Auffassungen sind ja die Angriffspunkte beider Reize identisch, und es könnten daher auch die Reizfolgen einander gleichen, auch hinsichtlich der Mobilisierung von Gewebshistamin, besonders wenn man sich auf den Standpunkt stellt, daß das Histamin in den reagierenden Zellen bereits als solches, wenn auch im gebundenen Zustand, vorhanden ist, und daß sich nicht erst vermittelnde fermentative Prozesse einschieben müssen, um es in die freie, pharmakodynamisch aktive Phase überzuführen. BR. ROSE (1942) stellte jedoch fest, daß man beim Menschen durch Injektion von Histamin die charakteristischen Symptome der Histaminvergiftung hervorrufen kann, ohne daß die Histaminkonzentration im Blute steigt. In der Problematik biologischer Phaenomene interessiert uns aber nicht nur ein bloßes „Daß", sondern und in erster Linie das „Warum". Wenn es daher nach den zitierten Untersuchungen von ROSE anzunehmen ist, daß die Histaminvergiftung nicht mit einer Zunahme, sondern mit einer Abnahme des Bluthistamins verbunden ist, so wäre eben noch immer die Frage zu beantworten, warum sich dies so und eigentlich gegen die theoretische Erwartung verhält. ROSE (1947) meint, daß dies nicht überraschen könne, da man bei einer Reihe anderer Phänomene, so beim anaphylaktischen Schock des Kaninchens, des Kalbes und des Pferdes ebenfalls eine starke Abnahme des Bluthistamins konstatiert habe. Es wurde aber auseinandergesetzt (s. S. 15 f.), daß der Histaminsturz im anaphylaktischen Schock des Kaninchens nicht aufgeklärt ist; durch den Hinweis auf diese Tatsache wird daher das Verständnis für die Abnahme des Bluthistamins im Gefolge einer Histaminvergiftung nicht erschlossen, sondern es werden identische, aber in gleicher Weise ungenügend analysierte Erscheinungen aneinander gereiht.

Die praktisch-therapeutische Bewertung der Antihistaminica soll hier nicht erörtert werden. Die chemisch-pharmazeutische Industrie sorgt hiefür überreichlich, in experimenteller Begründung sowohl als auch noch viel mehr in propagandistischer und merkantiler Richtung. Auf die Zeugnisse von Patienten darf man nicht allzu großes Gewicht legen. Der Patient ist Autosuggestionen in hohem Grade unterworfen, nicht nur — was bekannt ist — in Beziehung auf die seine Anfälle provozierenden Einflüsse, sondern auch, worüber man sich keine Rechenschaft ablegt, hinsichtlich der Wirksamkeit eines empfohlenen Präparates. Selbstbetrug des Kranken und Irreführung des ihn betreuenden Arztes sind hier zweifellos noch weit häufiger als in anderen Bereichen der ausübenden Heilkunde.

Im Thema der Freimachung von Histamin aus Gewebszellen fortfahrend, sei zunächst der Versuche G. UNGAR und J. L. PARROT (1936) gedacht, weil sich diese Autoren einer Methode bedienten, welche in der Folge noch wiederholt verwendet wurde. Das isolierte Darmstück eines normalen Meerschweinchens wurde in einem Rezipienten mit warmer Tyrodelösung suspendiert, welcher Stücke der Lunge eines mit Pferdeserum sensibilisierten Meerschweinchens enthielt. Wurde nun das Pferdeserum zugesetzt, so kontrahierte sich der Darm nach einer kurzen Latenz kräftig, was der Abgabe von Histamin durch die Lungenfragmente zugeschrieben werden konnte.

H. O. SCHILD, dessen Arbeiten bereits auf S. 14 flüchtig erwähnt wurden und nun ausführlicher besprochen werden sollen, hat den Prozeß der Histaminliberierung nicht nur am intakten sensibilisierten Tier und an mit Antigen perfundierten Organen solcher Tiere, sondern an kleineren Gewebsstücken untersucht, die er in warme Tyrodelösung brachte. Das Antigen (Ovalbumin) wurde zur Lösung zugesetzt und nach zehn Minuten bestimmte SCHILD (1937, 1939) den Histamingehalt der Lösung, der zwischen 0,5 und mehr als 3 γ pro Gramm Gewebe variierte. Mit der isolierten Aorta, mit dem Uterus, mit Gewebsfragmenten der Lunge und der Leber sensibilisierter Meerschweinchen wurden positive Resultate erzielt, desgleichen mit den Samenbläschen, dem Oesophagus, dem Herzen, der Harnblase und der Haut. Bei dem histaminreichen Darm des Meerschweinchens ließ sich jedoch das Freiwerden von Histamin überhaupt nicht nachweisen, was SCHILD in nicht ganz befriedigender Weise damit zu erklären sucht, daß der Darm in besonders hohem Grade histaminempfindlich ist und daher schon auf Mengen von Histamin reagiert, welche unter der Schwelle der Nachweisbarkeit (0,05 γ pro Gramm) liegen. Jedenfalls geht aus den Untersuchungen von SCHILD hervor, daß der Histamingehalt eines Gewebes in keinem proportionalen Verhältnis zur Histaminmenge steht, welche aus demselben durch eine Antigen-Antikörper-Reaktion frei gemacht werden kann, so daß man in grober Erfassung des Tatbestandes an einen Unterschied zwischen mobilisierbarem und nicht mobilisierbarem Histamin denken könnte. SCHILD fand ferner, daß die Abgabe von Histamin bei niedrigen Temperaturen verlangsamt ist, und daß sie anscheinend in zwei Phasen abläuft, einer ersten schon in den ersten Sekunden nach dem Kontakt mit Antigen perfekten und an höhere Temperaturen gebundenen Epoche, welche vielleicht auf die tatsächliche Ausstoßung des Histamins durch die Zellen zu beziehen ist, und einer zweiten, welche langsamer und auch bei niedrigen Temperaturen vor sich geht und möglicherweise nichts anderes ist, als das nachträgliche Heraussickern von bereits frei gewordenem Histamin aus interzellularen Spalträumen in die das Gewebsstück umgebende Tyrodelösung.

Vom Standpunkte der Histamintheorie mag man die Versuchsergebnisse von SCHILD begrüßen, da sie die Kontraktion des Uterushornes sensibilisierter Meerschweinchen beim Kontakt mit Antigen (SCHULTZ-DALE-Test) in diese Theorie eingliedern. Man kann aber am Uterushorn eines passiv präparierten Meerschweinchens mindestens drei aufeinanderfolgende Kontraktionen auslösen, wenn man die Antigenkonzentration sukzessive erhöht, und die Intensität der Kontraktionen nimmt zu, die Zeit, welche zwischen dem Antigenzusatz und dem Beginn der Reaktion verstreicht, deutlich ab [s. hiezu D. DOERR (1950), S. 79 f]. Es ist nicht wahrscheinlich, daß der Histamingehalt eines so kleinen Gewebsstückes während der kurzen Versuchsdauer nicht erschöpft wird und daß durch wiederholte Antigenimpulse steigende Histaminmengen aus dem kleinen Gewebsvolum herausgeholt werden, noch weniger natürlich, daß sich der Histaminvorrat regeneriert. Aus solchen Überlegungen ergibt sich die Notwendigkeit, die Ergebnisse von SCHILD dahin zu ergänzen, daß die Histaminmengen bestimmt werden, welche der Uterus eines sensibilisierten Meerschweinchens infolge wiederholter, entsprechend abgestufter Antigenimpulse abgibt. Solange dieser Forderung nicht Genüge geleistet wird, kann man das hier angeschnittene Problem nicht als erledigt betrachten.

Übrigens sind auch die von H. O. SCHILD erzielten experimentellen Ergebnisse nicht durchwegs geeignet gewesen, die Histaminhypothese zu stützen. Als man sich überzeugte, daß der sensibilisierte und durch das Antigen spezifisch desensibilisierte glatte Muskel auf Histamin energisch reagiert, sah man ein, daß man dies nicht als ein Argument gegen die Beteiligung des Histamins am anaphylaktischen Schock ins Treffen führen darf, weil die Desensibilisierung den Mechanismus der Histaminliberierung oder präziser ausgedrückt die Antikörper-Antigen-Reaktion ausschaltet [vgl. W. FELDBERG (1941), S. 681]. Aber es blieb nicht dabei. Denn O. H. SCHILD (1936) stellte fest, daß der durch hohe Histaminkonzentrationen vergiftete sensibilisierte Meerschweinchenuterus auf weitere Histamineinwirkung mit einer Relaxation, auf Antigenkontakt aber mit einer Kontraktion antwortet. SCHILD schloß daraus, daß entweder das von Zellen abgegebene Histamin eine andere Wirkung hat wie das auf die äußere Zelloberfläche einwirkende oder daß es sich am anaphylaktischen Schock nur in zweiter Linie beteiligt. Nach der Auffassung des Verfassers ist an dieser Formulierung nur das „Entweder-Oder" unrichtig oder vielmehr unberechtigt. Denn daß der Vorgang der Histaminliberierung, der gewaltsamen Lösung des Histamins aus seiner intracellularen Bindung etwas anderes sein muß wie die Einwirkung des Histamins von außen, ist, auch wenn man die Differenz physiologisch nicht genau präzisieren kann, per se einleuchtend, und daß in den anaphylaktischen Phänomenen die Zellschädigung durch die Antigen-Antikörper-Reaktion der primäre Vorgang ist und alles andere nur Begleiterscheinung, ist stets gewiß gewesen und durch die Gifttheorien nur zeitweilig verdunkelt worden. Doch spukt die Zwangsvorstellung, daß eine spezifische Desensibilisierung auch eine Unempfindlichkeit gegen das jeweils angenommene — Gift Histamin oder Acetylcholin — bedingen muß, auch in der Literatur der jüngsten Zeit.

Ein anderer, leichter zu erledigender Punkt ist die Angabe von H. O. SCHILD, daß die Menge Histamin, welche aus der Lunge sensibilisierter

Meerschweinchen während der anaphylaktischen Reaktion frei wird, hundertmal kleiner ist als das Histaminquantum, welches man in die Gefäße einer normalen Meerschweinchenlunge injizieren muß, um die bronchospastische Starre herbeizuführen, jenen Vorgang, an dem das Meerschweinchen im akut letalen anaphylaktischen Schock zugrunde geht. Der Histamingehalt der Lunge des Meerschweinchens ist aber keine konstante Größe; nach den von W. FELDBERG (1941) zusammengestellten Daten schwankt er zwischen 4 und 94 γ pro Gramm Gewebe, also um das zirka 23fache. Noch größer sind die Differenzen der im anaphylaktischen Schock des Meerschweinchens von der Lunge abgegebenen Histaminmengen, welche zwischen 0,17 und 12,8 γ variieren sollen, was einem Verhältnis von 1 : 75 gleichkommt. Es wurde zwar versichert, daß zwischen dem Grad der bronchospastischen Konstriktion und den Mengen des in der Lunge freiwerdenden Histamins ein Parallelismus besteht [BARTOSCH, FELDBERG und NAGEL (1932a, b), H. O. SCHILD (1936)], aber diese Zusicherung steht und fällt mit der Exaktheit der quantitativen Histaminbestimmung und diese Gewähr war auch 1932 noch nicht gegeben. 1935 gaben BARSOUM und GADDUM ihre Methode bekannt und C. F. CODE die Vervollkommnung dieser Methode 1937. Doch bietet auch das Verfahren von CODE keine absolute Sicherheit. Nach ROCHA E SILVA (1944) wäre es nicht ausgeschlossen, daß durch das CODEsche Verfahren nicht nur das freie Histamin, sondern auch inaktive Verbindungen von Histamin mit anderen Aminosäuren erfaßt werden. Ferner hat J. PELLERAT (1945) nachgewiesen, daß aus dem Harn durch die CODEsche Methode eine Substanz abgeschieden werden kann, welche dem Histamin durchaus ähnlich ist, sich aber von demselben dadurch unterscheidet, daß ihre Wirkung durch Antihistaminica nicht beeinflußt wird und daß sie durch Histaminase nicht inaktiviert wird. Aber wenn die Angaben von H. O. SCHILD (1936) wenigstens annähernd richtig sind, daß sich die in der Lunge eines anaphylaktisch reagierenden Meerschweinchens frei werdende Histaminmenge zwischen 0,17 und 12,8 γ bewegt, so könnte es richtig sein, daß dieses Quantum nicht ausreicht, um die Bronchokonstriktion und Erstarrung der Lunge auf eine reine Histaminwirkung zurückführen zu können. Die schon an anderer Stelle (s. S. 12) erwähnten Versuche von BARTOSCH, FELDBERG und NAGEL (1932a, b) sprechen nicht notwendigerweise dagegen. Die genannten Autoren hatten allerdings festgestellt, daß die Durchströmung der sensibilisierten Meerschweinchenlunge mit Antigen ein Perfusat liefert, das, durch die Gefäße einer normalen Meerschweinchenlunge geleitet, die pathognomonische Lungenstarre erzeugt. Es wurde daraus ohne weiteres gefolgert, daß die in der anaphylaktisch reagierenden Lunge frei werdende Histaminmenge ausreicht, um den Schocktod durch bronchospastische Erstickung zu erklären, und der Verfasser hat sich dieser Auffassung angeschlossen (s. S. 12); sie muß aber nicht richtig sein. BARTOSCH, FELDBERG und NAGEL haben den Histamingehalt der Lungenperfusate nicht bestimmt und auch nicht untersucht, ob sie außer Histamin noch andere Wirkstoffe enthielten. C. F. CODE (1939) war im Besitz von exakten, zum Teil von ihm selbst verbesserten Methoden der Histaminbestimmung, hat aber das diskutierte Experiment von SCHILD nicht wiederholt, sondern sich damit begnügt, den Histamingehalt des Blutes anaphylaktischer Meerschweinchen vor und während des Schocks zu prüfen und eine 3- bis 9fache Steigerung infolge des Schocks festzustellen. Es scheint, daß auch von anderer Seite kein Versuch unternommen wurde, auf die Beziehung der in der Lunge frei werdenden Histaminmenge zur Toxizität des Histamins[1] zurückzukommen. Nach H. O. SCHILD (1937, 1939) wird allerdings Histamin nicht nur in der Lunge (im Schockorgan), sondern an zahlreichen andern Orten durch Antigenkontakt frei gemacht, so daß die Wirkung auf das Schockorgan durch Summierung von pulmogenem und extrapulmonal entstandenem Histamin zustande kommen könnte. Dieser Ausweg ist aber durch die Tatsache gesperrt, daß die isolierte Lunge sensibilisierter Meerschweinchen gebläht und immobilisiert wird, wenn man durch ihre Gefäße Antigen durchleitet W. H. MANWARING und Y. KUSAMA (1917), P. NOLF und ADANT (1946)], also unter Umständen, welche jede Mitwirkung von extrapulmonal entstandenem Histamin ausschließen. Es bleibt somit nur das Zugeständnis übrig, daß die Vorgänge im Schockorgan nicht ausschließlich auf dem daselbst liberierten Histamin beruhen können, sondern daß auch die zellständige Antigen-Antikörper-Reaktion als solche ein pathogener und nicht nur durch die Histaminliberierung wirksam werdender Prozeß sein muß. Und dies ist der ruhende Punkt, zu dem alle Experimente und ihre Deutungen immer wieder zurückführen.

N. AMBACHE und G. S. BARSOUM (1939) konnten zeigen, daß isolierte glatte Muskeln (Dünndarm, Harnblase, Magen, Oesophagus) normaler Meerschweinchen, Hunde und Kaninchen Histamin abgeben, wenn sie durch Acetylcholin, Pituglandol oder Kaliumchlorid zur Kontraktion gebracht werden. Die abgegebenen Histaminmengen sind zwar so gering (0,1 bis 0,2 γ pro Gramm des geprüften Gewebes), daß sie sich nur durch besonders empfindliche Methoden nachweisen lassen, könnten aber doch so interpretiert werden, daß die Muskelkontraktion an sich Histamin frei macht, und daß daher, wenn sich der isolierte Uterus des sensibilisierten Meerschweinchens auf Antigenkontakt zusammenzieht und dabei Histamin abgibt, der kausale Zusammenhang so liegen könnte, daß die Antigen-Antikörper-Reaktion primär die Kontraktion und erst

[1] Vergleiche Tab. auf S. 26, aus der hervorgeht, daß die intravenös tödliche Dosis Histamin für ein Meerschweinchen von 250 g 75 bis 100 γ beträgt.

sekundär durch Vermittelung derselben die Histaminabgabe verursacht. Auf Grund negativer Kontrollversuche mit $BaCl_2$ und KCl wurde diese Konzeption jedoch abgelehnt [Bartosch, Feldberg und Nagel (1932a), H. O. Schild (1937, 1939)]. Daß aber normale glatte Muskeln, wenn sie zur Kontraktion gebracht werden, Histamin abgeben, könnte die Bahn für die Erforschung der Rolle des Histamins im psysiologischen Wirkstoffwechsel eröffnen. Wie erwähnt, sind anscheinend nicht alle Kontraktionen imstande, Histamin zu liberieren. Es ist aber zu bedenken, daß die Histaminabgabe dort, wo sie sich nachweisen ließ, hart an der Grenze der Nachweisbarkeit stand; es erscheint daher wohl nicht zu gewagt, wenn man annimmt, daß die Histaminabgabe auch unter diese Grenze absinken könnte, und dann käme man zu der Vorstellung eines durch seine Wirkung sich ständig erneuernden Wirkstoffes. Das kann freilich nicht mehr als eine Hypothese oder, wenn man will, eine Spekulation sein; doch liegt die Sache so, daß man vorderhand nicht sicher angeben kann, warum gerade Acetylcholin und Pituglandol Histamin frei machen und andere den glatten Muskel reizende Agenzien nicht.

Das Kapitel über die Histaminhypothese abschließend, sei noch einer kurzen Arbeit von R. J. Raiman, E. L. Later und H. Necheles (1947) gedacht, welche sich mit der Wirkung des Rutins auf den anaphylaktischen und den durch Histamin induzierten Schock befaßt. Es wurden Meerschweinchen durch die intraperitoneale Injektion von 0,25 ccm Pferdeserum sensibilisiert und nach 12 Tagen durch die Reinjektion von 0,05 ccm Pferdeserum pro 100 g Körpergewicht in den anaphylaktischen Schock versetzt. 2 mg Rutin (= Vitamin P, auch Citrin genannt), 30 bis 40 Minuten vor der Reinjektion des Antigens intraperitoneal eingespritzt, verhinderten sämtliche Erscheinungen, während 5 Kontrollen verendeten. In einer zweiten Serie wurde 1 mg Rutin 30 bis 45 Minuten intraperitoneal vor der intracardialen Reinjektion von 0,5 ccm Pferdeserum eingespritzt; auch in diesem Versuch verhinderte das Rutin alle Manifestationen des Schocks, während die Kontrolltiere ausnahmslos starben. Der Histaminschock wurde dagegen nicht antagonistisch beeinflußt, auch wenn nur die Dosis minima letalis von Histamindihydrochlorid intracardial oder intravenös verabreicht und das Intervall von 30 bis 45 Minuten zwischen Rutin- und Histamininjektion eingehalten wurde. Eine eindeutige Erklärung dieses Gegensatzes haben Raiman und seine Mitarbeiter nicht abgegeben. Unter verschiedenen Möglichkeiten geben sie der Annahme den Vorzug, daß das Rutin die Abgabe von endogenem Histamin verhindert, was in Anbetracht der kurzen Dauer seiner Schutzwirkung wahrscheinlicher ist als eine Herabsetzung der Permeabilität des Endothels der Kapillaren, und weil große Dosen Hesperidin, das den P-Faktor enthält, ebenfalls gegen den anaphylaktischen Schock [N. Hiramatsu (1941)] schützen. In der Folgezeit haben sich auch C. E. Arbesman, E. Neter und Ch. F. Becker (1950) mit der antianaphylaktischen Wirkung des Rutins beschäftigt und sind zu dem vollkommen negativen Ergebnis gelangt, daß Meerschweinchen auch durch Dosen von 5 bis 100 mg pro kg Körpergewicht gegen den anaphylaktischen Schock nicht geschützt werden können. Da die Kontrollen auf die Reinjektion des Antigens mit Exitus oder schwerem Schock reagierten, erscheint die Differenz der mit Rutin erzielten Schutzwirkung zunächst völlig unverständlich. Da man nicht ohne weiteres annehmen kann, daß Raiman und Arbesman mit zwei verschiedenen, als „Rutin" bezeichneten Präparaten experimentiert haben, muß man vorläufig die Entscheidung weiteren Untersuchungen überlassen. In den Versuchsprotokollen von Arbesman und Mitarbeiter vermißt man die genaue Angabe der Zeitintervallen zwischen der intraperitonealen Rutininjektion und der intravenösen oder intracardialen Injektion des Antigens; es wird nur summarisch ein Intervall von 15 bis 30 Minuten angegeben, während Raiman 30 bis 45 Minuten einschaltete; es ist möglich, daß hier die Ursache der kontradiktorischen Ergebnisse zu suchen ist. Was Arbesman und seine Mitarbeiter als „inverse Anaphylaxie" bezeichnen, ist nicht den anaphylaktischen Reaktionen zuzurechnen, sondern gehört zu den cytotoxischen Reaktionen (s. S. 4). Doch haben auch W. G. Clark und E. M. MacKay (1950) konstatiert, daß Rutin in Dosen von 100 mg pro kg Körpergewicht intraperitoneal 30 Minuten vor der Schockdosis des Antigens verabreicht, nur einen zweifelhaften und zu vernachlässigenden Effekt auf den anaphylaktischen Schock des Meerschweinchens hat. Wenn fortwährend von den „Fortschritten der Allergieforschung" gesprochen wird, stellen solche diametrale Widersprüche, wie sie sich beim Rutin ereignet haben, eine merkwürdige Illustration zum prätendierten Fortschritt dar.

Zusammenfassung.

1. Die Histaminhypothese will den Anteil feststellen, welchen das aus Blut- oder Gewebszellen durch die Antigen-Antikörper-Reaktion freigemachte Histamin an der Pathogenese der anaphylaktischen Erscheinungen hat.

2. Sie hat daher in erster Linie die ursächliche Beziehung der Antigen-Antikörper-Reaktion zur Liberierung des Histamins zu untersuchen. Dieses Problem ist bisher nicht eindeutig gelöst worden; die aufgestellten Theorien weichen voneinander erheblich ab.

3. In welchem Zustande das Histamin in den Zellen vorhanden ist, konnte nicht präzis ermittelt werden. Sicher ist nur, daß es im Zell-

verband inaktiv ist und daß es erst durch den Austritt aus den Zellen zum Wirkstoff wird. Freies Histamin kann in Körperflüssigkeiten (Blutplasma, Liquor) in geringer Konzentration nachgewiesen werden und zwar unter physiologischen Verhältnissen; die Funktion dieses normalen freien Histamins im Haushalt des Organismus wie auch die Art seines Entstehens und seiner Schicksale im Stoffwechsel, endlich seine Beziehungen zum gebundenen Histamin der Zellen stellen ein noch wenig erforschtes Wissensgebiet dar.

4. Die Histaminliberierung ist somit, erkenntniskritisch bewertet, vorderhand eine „Feststellung".

5. Die Feststellung freigemachten Histamins (in umgebenden Flüssigkeiten, Perfusaten oder im Blute anaphylaktisch reagierender Tiere) auf Grund biologischer Kriterien kann die chemische Identifizierung nicht restlos ersetzen; Sicherheit gewährt nur diese und ermöglicht zugleich exakte quantitative Bestimmungen. Doch kann es in manchen Fällen angezeigt sein, den chemischen Nachweis des Histamins durch empfindliche biologische Proben[1] zwecks sicherer Unterscheidung von ähnlichen Wirkstoffen zu ergänzen.

6. Der maßgebende Teil der Histaminliberierung entfällt auf das Schockorgan. Das Schockorgan ist beim akut letalen Schock des Meerschweinchens die Lunge und bei dem rasch tödlich verlaufenden Schock des Hundes die Leber; in diesen zwei Fällen ist es auch mit genügender Sicherheit festgestellt, daß das im Schockorgan liberierte Histamin als wesentlicher pathogener Faktor betrachtet werden darf, obzwar auch hier einige Unstimmigkeiten konstatiert werden mußten. Für den protrahierten Schock des Meerschweinchens und des Hundes sowie für alle anderen anaphylaktisch reagierenden Tierarten ist das Schockorgan nicht oder nicht sicher bekannt und die Mitwirkung des Histamins am anaphylaktischen Krankheitsgeschehen zweifelhaft.

Ob das Schockorgan des Kaninchens in der Lunge, im Herzen oder in der Summe der farblosen Blutelemente zu suchen ist, läßt sich auf Grund der vorliegenden Angaben nicht entscheiden. Im Gegensatz zum Meerschweinchen und zum Hund reagiert das Kaninchen auf den anaphylaktischen Prozeß mit einer rapiden Abnahme des Histamins

---

[1] Als solche gelten: Die Blutdrucksenkung, welche schon 0,3 bis 1 γ Histamin intravenös bei einer mit Äther narkotisierten Katze hervorruft, die Steigerung der Magensekretion beim Hunde nach subkutaner oder intramuskulärer Injektion von 0,3 γ Histamin und die Quaddelbildung, welche ein Tropfen einer Lösung von 1 : 1000 bis 1 : 100000 auf der mit einer Stecknadel geritzten Haut des Menschen hervorruft [s. M. GUGGENHEIM, 1940, S. 414 und 388f]. Dazu kommt noch die enzymatische Identifizierung: Histamin muß sich durch Histaminase inaktivieren lassen.

im strömenden Blut. Das Kaninchen ist gegen Histamin wenigstens zehnmal weniger empfindlich als das Meerschweinchen.

7. Die Maus und die Ratte konnten der Histaminhypothese überhaupt nicht eingeordnet werden. Beide Spezies sind gegen Histamin in gleichem Ausmaß unterempfindlich; die Maus läßt sich leicht und in hohem Grade anaphylaktisch machen, die Ratte nicht.

8. Eine Reihe von Agenzien wirken auf den anaphylaktischen Schock des Meerschweinchens und auf die Vergiftung dieses Tieres mit Histamin nicht in identischer Weise. Hiezu gehören:

a) das Pyribenzamin,

b) das Papaverin,

c) das Rutin (?),

d) die synthetischen Antihistaminica insoferne, als die antianaphylaktische Wirkung von der Natur dieser Verbindungen dosologisch weitgehend unabhängig ist, während der histaminneutralisierende Effekt je nach dem Antihistaminicum verschieden sein kann,

e) läßt man hohe Histaminkonzentrationen wiederholt auf den isolierten Muskel eines sensibilisierten Meerschweinchens einwirken, so reagiert er schließlich mit Relaxationen, während das spezifische Antigen eine Kontraktion auslöst.

9. Der Histamingehalt desselben Organs bzw. Gewebes schwankt beim Meerschweinchen innerhalb weiter Grenzen.

10. Die im anaphylaktischen Schock des Meerschweinchens von der Lunge oder von verschiedenen Geweben abgegebene Menge Histamin ist auch unter sonst gleichen Verhältnissen sehr variabel.

11. Die Histaminmenge, welche im anaphylaktischen Schock von der isolierten Lunge eines sensibilisierten Meerschweinchens an eine antigenhaltige Perfusionsflüssigkeit abgegeben wird, ist wesentlich (zirka 100mal) kleiner als die intravenös tödliche Histamindosis.

Die vorstehende Zusammenfassung wurde durch die Erwägung veranlaßt, daß die Aneinanderreihung zahlreicher experimenteller Ergebnisse, welche von verschiedenen Fragestellungen ausgehen und Probleme zu lösen suchen, welche nicht immer die gleichen Beziehungen zum Mechanismus der Histaminliberierung haben, die Erfassung des Wesentlichen beeinträchtigen könnten. Sie will also das Wesen der Histaminhypothese betonen, die bestehenden Lücken aufzeigen, sicher gestellte von nicht genügend geklärten Ergebnissen sondern und die Widersprüche zur Geltung bringen. Daß die Kondensierung des gewaltigen, durch die experimentellen Untersuchungen zutage geförderten Materials in wenigen Schlußsätzen einen operativen Charakter annahm, lag in der Natur der Sache und namentlich „dieser Sache“.

II. Die Acetylcholinhypothese[1].

Wie schon der Name besagt, ist das Acetylcholin der Essigsäureester des Cholins, einer starken Base, welches als freies Cholin im Blut und in allen Organen der Tiere nachgewiesen werden konnte; neben diesem freien Cholin kennt man eine zweite Zustandsform, das gebundene wasserlösliche Cholin, über dessen chemische Natur — ähnlich wie beim intracellulären Histamin — präzise Angaben noch ausstehen. Acetylcholin spaltet sich in wässeriger Lösung leicht in Essigsäure und das relativ inaktive Cholin, ein Vorgang, der durch hydrolytische Fermente, insbesondere durch die in Blut und Gewebssäften vorhandene Cholinesterase beschleunigt wird. Soll daher in einem Substrat das Acetylcholin als solches nachgewiesen werden, so muß man die zersetzende Wirkung der Cholinesterase ausschalten, für welchen Zweck Physostigmin als kräftiger Antagonist zur Verfügung steht.

M. Guggenheim (1940, S. 160 bis 167) gibt in seinem Werk „Die biogenen Amine" ausführlich die Methoden an, welche bis 1940 für den chemischen Nachweis von Cholin und Acetylcholin in Betracht kamen. S. Middleton und H. H. Middleton konstatierten aber 1949, daß die empfohlenen Verfahren keine verläßlichen Resultate lieferten und daß man daher auf biologische Proben von zweifelhafter Spezifität angewiesen war. In der gleichen Arbeit wird auf eine neue, leistungsfähigere chemische Bestimmung des Acetylcholins von S. Hestrin verwiesen. Auch die Bestimmung nach Hestrin muß sich natürlich erst bewähren, bevor man ein Urteil abgeben kann, ob und in welchem Ausmaß sie frühere Verfahren überragt. Warum man bestrebt ist, die chemische Bestimmung des Acetylcholins fortlaufend zu verbessern, ist sachlich dadurch begründet, daß man Verbindungen aus tierischem Material isoliert hat, welche dem Acetylcholin sehr nahe stehen, ohne mit ihm identisch zu sein [O. Nachmansohn, S. Hestrin und H. Voripaieff (1949), S. Middleton und H. H. Middleton (1949)]. Solche Überraschungen sind wohl stets zu gewärtigen, nicht nur beim Acetylcholin; hat doch J. Pellerat (1945) berichtet, daß er mit der Methode von C. F. Code aus Urin neben Histamin eine zweite Substanz isolieren konnte, welche ähnlich wie Histamin auf den glatten Muskel wirkte, aber durch Antihistaminica nicht beeinflußt und durch Histaminase nicht inaktiviert wurde. Wenn aber auch absolut zuverlässige Verfahren der chemischen Identifizierung eines Wirkstoffes nicht immer zur Disposition stehen, so wäre es durchaus

[1]
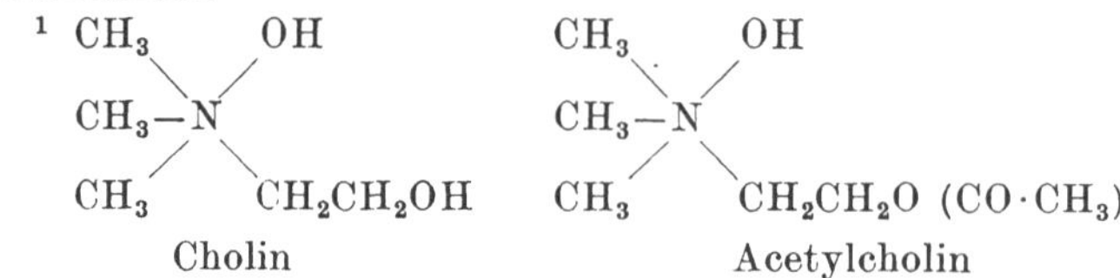

verfehlt, auf diese Art der Beweisführung in wichtigen Fragen ganz zu verzichten. Es ist in solchen Fällen nur angezeigt, die Ergebnisse des chemischen Nachweises durch biologische Kriterien zu stützen oder auf vorhandene Widersprüche zu fahnden.

Die biologische Identifizierung des Acetylcholins erfolgt durch die Prüfung der vorgelegten Substrate auf überlebende parasympathisch innervierte Testorgane, als da sind das isolierte Froschherz, der Dünndarm des Meerschweinchens, das Rectum des Frosches und der Muskelschlauch des Blutegels. Die biologischen Methoden gestatten auch approximative quantitative Auswertungen, indem man die Wirkung des zu prüfenden acetylcholinhaltigen Substrates und einer Standardlösung von bekanntem Acetylcholingehalt titrierend vergleicht (vgl. M. GUGGENHEIM, 1940, S. 167 f).

Die intravenös tödliche Dosis Acetylcholin pro kg Körpergewicht beträgt:

beim Kaninchen	0,15 mg	Histamin	0,6 bis 3,0 mg
bei der Maus	20 mg	Histamin	250 bis 300 mg
bei der Ratte	22 mg	Histamin	170 bis 500 mg
beim Meerschweinchen	nicht bekannt	Histamin	0,3 bis 0,4 mg

Zur rechten Hand sind die intravenös tödlichen Dosen für Histamin angeführt. In der Tat kann man nur die linke und die rechte Seite der Tabelle miteinander vergleichen. Man sieht dann, daß die Empfindlichkeit von Maus und Ratte gegen Acetylcholin etwa zehnmal größer ist als jene gegen Histamin. Eine konkrete Vorstellung über die Abhängigkeit der Wirksamkeit der beiden Wirkstoffe von der Art der Versuchstiere kann man dagegen erst gewinnen, wenn man sich von der Berechnung der letalen Dosen auf das kg Körpergewicht emanzipiert und das durchschnittliche Körpergewicht der verschiedenen Versuchstiere als Bezugssystem wählt. Allerdings geht es dabei nicht ohne Willkür ab, da das Körpergewicht der meisten Versuchstiere innerhalb nicht unerheblicher Grenzen schwankt. Wir wollen das aber in Kauf nehmen und das Körpergewicht des Kaninchens mit 1000 g, das der Maus mit 20 g, der Ratte mit 100 gr und des Meerschweinchens mit 250 g ansetzen. Dann nimmt die Tabelle ein anderes Gesicht an:

Intravenös letale Dosen von

Acetylcholin		Histamin
Kaninchen von 1000 g	0,15 mg	0,6 bis 3,0 mg
Maus von 20 g	0,4 mg	5 bis 6 mg
Ratte von 100 g	2,2 mg	17 bis 50 mg
Meerschweinchen von 250 g	nicht bekannt	0,075 bis 0,1 mg

Es ist verständlich, daß das Meerschweinchen wegen seiner extremen Histaminempfindlichkeit zum Versuchsobjekt für die Anhänger der Histaminhypothese prädestiniert war. Aber die Acetylcholinempfindlichkeit des Kaninchens hat die experimentelle Forschung keineswegs in eine analoge Bahn gelenkt. Es muß also noch ein anderes Motiv mitgewirkt haben und es ist auch nicht schwer zu erraten. Um was es sich handelt, ist ja nur die Beteiligung des Histamins oder Acetylcholins am anaphylaktischen Schock und es existiert kein Versuchstier, welches so leicht und sicher aktiv und passiv anaphylaktisch gemacht werden kann wie das Meerschweinchen. Das ist der Grund, warum das Meerschweinchen auch von den Anhängern der Acetylcholinhypothese dazu auserkoren wurde, um im Rahmen der schockvermittelnden Gifte einer anderen Ansicht versuchstechnisch zu dienen. An sich berechtigter war das Bestreben, die Acetylcholinhypothese dort zur Geltung zu bringen, wo die These vom Histamin als essentiellem pathogenem Faktor der anaphylaktischen Erscheinungen aufgegeben werden mußte, nämlich bei der Maus und bei der Ratte. Das Kaninchen aber wurde, wenn man sich so ausdrücken darf, der Histaminhypothese überlassen; in welchem Ausmaß der Beweis gelungen ist, daß das Histamin eine überwiegende Rolle im anaphylaktischen dieses Versuchstieres spielt, wurde bereits ausführlich diskutiert.

Die Acetylcholinhypothese hat nur wenige Anhänger gefunden [s. W. M. CHASE (1948)] und war seit ihrem Auftreten von der Histaminhypothese überschattet.

B. DANIELOPOLU, der die Histaminhypothese radikal verwarf, sah in der Acetylcholinhypothese den richtigen Weg, um den Grundgedanken, daß anaphylaktische Phänomene auf Autointoxikationen beruhen müssen, auf eine zuverlässige Basis zu stellen. Seine Monographie „Phylaxie-Paraphylaxie et Maladie spécifique" (1946) wird durch ein Vorwort eingeleitet, in welchem er seine Theorie, welche sich nach seiner Versicherung von Grund aus von den früheren Konzeptionen unterscheidet, kurz zusammenfaßt. Dieses Resümee sei hier in deutscher Übersetzung wiedergegeben.

„Die in den Organismus eingeführten Antigene rufen zwei Krankheitsformen hervor: eine nicht spezifische Krankheit, welche man unrichtig als Anaphylaxie bezeichnet hat und welche ich Paraphylaxie nenne, und eine spezifische Krankheit. Das Antigen verursacht im Organismus Abwehrerscheinungen, welche in der Produktion spezifischer Antikörper bestehen. Die Antikörper können nur in enger Verbindung mit Cholin produziert werden, welches in allen Geweben des Organismus enthalten ist. Das habe ich durch den Terminus Antikörper-Cholin zum Ausdruck gebracht.

Das Antikörper-Cholin besitzt zwei Funktionen: eine nicht spezifische Funktion, welche dem allen Antikörper-Cholinen gemeinsamen Cholin zukommt und eine spezifische Funktion, welche dem spezifischen Antikörper eigen und je nach dem Antigen, welches seine Entstehung verursacht, verschieden ist.

In dem Maße, in welchem die Konzentration der Antikörper zunimmt, steigt auch der Gehalt der Gewebe an Cholin.

Die Antikörper bewirken die Phylaxie (Immunität) und die übersteigerte Konzentration des Cholins die Paraphylaxie (Anaphylaxie).

Die Paraphylaxie ist daher kein der Immunität entgegengesetzter Zustand und ist nicht, wie man geglaubt hat, spezifisch, sondern ein nicht spezifischer Zustand, der neben der Immunität entsteht. Das ist der Grund, warum ich vorgeschlagen habe, das Wort Anaphylaxie durch Paraphylaxie zu ersetzen.

Die Paraphylaxie ist nichts anderes als eine Hyperkonzentration des Prächolins und infolgedessen von Präadrenalin, welche vereint das ergeben, was ich als paraphylaktische Amphotonie bezeichnet habe.

Die Paraphylaxie ist ein pathologischer Zustand, eine wahre nicht spezifische Krankheit, welche immer denselben Charakter zeigt, unabhängig von dem Antigen, welches sie verursacht.

Dank der allgemeinen Amphotonie befinden sich alle Organe in dem Zustand der Hyperaktivität gegenüber allen Faktoren, welche auf den vegetativen Tonus der Organe einwirken. Außerdem ermöglicht die paraphylaktische Amphotonie, da sie an die Phylaxie gebunden ist, die Realisierung des paraphylaktischen Schocks bei jeder erneuten Zufuhr desselben Antigens in den Organismus. Es ist also die Paraphylaxie zwar ein unspezifischer Zustand, aber gebunden an die Phylaxie, welche ein spezifischer Zustand ist. Aber, so wie die Amphotonie, vermehrt sie die Reaktivität der Organe gegen alle Faktoren, welche den vegetativen Tonus der Organe beeinflussen.

Wenn es die Antikörpercholine erreicht haben, daß jedes Antigen harmlos geworden ist (komplette Phylaxie), entsteht nur die unspezifische Krankheit. Wenn in der Abwehr des Organismus nicht das ganze Antigen harmlos wurde und ein Rest bleibt, welcher, nicht völlig annulliert, auf den Organismus spezifisch wirken kann (inkomplette Phylaxie), werden wir dies gewahr, nicht nur durch die Entstehung einer nicht spezifischen, sondern auch einer spezifischen, je nach dem Antigen, welches sie verursacht, variablen Krankheit.

Die spezifische Krankheit wird hervorgerufen durch das, was ich als das spezifische Apotoxin bezeichne.

Die spezifische Krankheit beginnt nach einer variablen, von der Natur des Antigens abhängigen Inkubationsperiode. Die unspezifische Krankheit beginnt mit den ersten Abwehrreaktionen des Organismus, mit den ersten Antikörpern, welche der Organismus dem Antigen entgegenstellt. Folglich beginnt sie mit der Einführung des Antigens in den Organismus".

Wie man aus den vorstehenden Sätzen entnehmen kann, ist die Theorie von DANIELOPOLU keineswegs so grundverschieden von allen früheren Hypothesen, wie ihr Schöpfer vorgibt. Denn sie bekennt sich, wie schon früher betont, zu der Idee, daß die anaphylaktischen Erscheinungen nur auf einer Vergiftung mit einer in den Geweben des Organismus vorhandenen, aber im Normalzustande gebundenen und erst im Schock frei werdenden Substanz beruhen, weicht also nur darin von der Histaminhypothese ab, daß sie nicht das Histamin, sondern das Acetylcholin als die materia peccans bezeichnet. Der Ausgangspunkt ist aber hier wie dort die Beobachtung, daß die beschuldigten Gifte auf Versuchstiere, insbesondere auf Meerschweinchen, ähnlich wirken wie das Antigen auf das spezifisch vorbehandelte Tier. In vitro erzeugt auch das Acetylcholin eine energische Kontraktion normaler glatter Muskeln (Uterus des Meerschweinchens), intravenös injiziert, löst es in größeren Mengen einen Schock aus, da eine genügend rasche enzymatische Neutralisierung durch Cholinesterase nicht möglich ist. Neu wäre somit nur die Annahme, daß der Antikörper mit Cholin einen Komplex bildet. Aber DANIELOPOLU hat, wohl im Bewußtsein, daß in dieser Unterstellung eine Zumutung liegt, die nicht ohne Protest hingenommen werden kann, gerade diese Konzeption in der ersten Auflage der zitierten Monographie (1943) so weit abgeschwächt, als dies ohne ein Einreißen seines ganzen Hypothesengebäudes geschehen konnte. Er wehrte sich a. a. O. gegen die Auffassung, daß der von ihm gebrauchte Ausdruck „Antikörpercholin“ so zu verstehen sei, als hätte er angenommen, daß das Cholin einen Teil der Struktur der Antikörper (une partie constituante de l'anticorps) bilde. Es handle sich nur um eine einfache konventionelle Formel, um daran zu erinnern, daß, *wenigstens in der Zelle*, der Antikörper in enger Beziehung zum intracellularen Acetylcholin steht. In der zweiten Auflage der Monographie (1946) ist jedoch DANIELOPOLU nicht mehr zu dieser beschwichtigenden Erklärung gestanden[1]. Sie wird zwar in einem „Addendum“ zitiert, aber im Schlußsatz dieses Anhanges heißt es: „Angestellte Untersuchungen berechtigen zu der Behauptung, daß das Cholin bei der Produktion der Antikörper mitwirkt. Die Entstehung von Globulinen genügt nicht, um dem Antigen die Bildung des Antikörpers zu ermöglichen. Es muß auch das Acetylcholin seine normale Wirkung auf das Zellprotoplasma ausüben, welches die Globuline produziert. Tatsächlich können sich die Antikörper nicht entwickeln, nachdem Atropin eingewirkt hat, welches die Zelle gegen Acetylcholin refraktär macht.“ DANIELOPOLU will also offenbar seine ursprüngliche Auffassung im vollen Umfange aufrechterhalten, welche er durch folgende Gleichung schematisch zu veranschaulichen suchte:

[1] Diesen literarischen Sachverhalt hat R. DOERR in der Monographie „Die Anaphylaxie“ (1950, S. 120) nicht ganz richtig bzw. nicht vollständig wiedergegeben.

Antigen + Antikörpercholin + Komplement = Antigen-Antikörper-Komplement (schützender Komplex) + Acetylcholin (manifester paraphylaktischer Schock).

Die Annahme, daß sich der Antikörper mit Cholin zu dem Komplex „Antikörper-Cholin" verbindet, ist jedoch rein willkürlich. Die Behauptung, daß die in „Paraphylaxie" umgetaufte Anaphylaxie unspezifisch sei, widerspricht der Erfahrung aller Autoren, welche sich mit dieser Frage beschäftigt und festgestellt haben, daß die anaphylaktischen Reaktionen in demselben Sinne und in gleichem Ausmaße spezifisch sind wie die Präzipitation, die Agglutination, die Hämolyse. DANIELOPOLU selbst hat in seinen Versuchen am isolierten Uterus des sensibilisierten Meerschweinchens wiederholt von dieser Tatsache Gebrauch gemacht und dadurch die Spezifität implicite anerkannt. Mit diesem Widerspruch findet er sich durch eine eigenartige Wendung ab, indem er meint, die Anaphylaxie seu Paraphylaxie sei zwar ein unspezifischer Zustand, der aber an die Phylaxie, welcher ein spezifischer Zustand ist, gebunden erscheint. Da DANIELOPOLU unter „Phylaxie" nichts anderes versteht als das Vorhandensein der Antikörper und ihre Beziehung zu den spezifischen Antigenen, so ist es klar, daß er die Antigen-Antikörper-Reaktion im Gegensatze zu allen anderen Immunologen nicht *ausdrücklich* als die primäre Ursache der anaphylaktischen Phänomene anerkennen will, weil in seinem Vorstellungskreis der Begriff des Antikörpers untrennbar mit einer Schutzwirkung („Immunität") verkettet ist. An einer anderen Stelle soll diese Angelegenheit nochmals zur Sprache gebracht werden.

In seiner Opposition gegen die Histaminhypothese scheint DANIELOPOLU übersehen zu haben, daß nach der Ausarbeitung geeigneter Methoden für die qualitative und quantitative Bestimmung des Histamins durch BARSOUM und GADDUM (1935) und C. F. CODE (1937) dieser Stoff nicht mehr ausschließlich biologisch, sondern zum Teil auch chemisch identifiziert wurde, so daß an dem Freiwerden von sicher agnosziertem Histamin im Gefolge anaphylaktischer Reaktionen nicht mehr grundsätzlich gezweifelt werden konnte. Wie steht es nun in dieser Hinsicht mit dem Acetylcholin? Das soll an einem möglichst einfachen Beispiel aufgezeigt werden:

DANIELOPOLU (1946, S. 142 f) geht davon aus, daß SCHULTZ und DALE (1910, 1912) zum ersten Male am isolierten Organ den anaphylaktischen oder, wie er das nennt, den paraphylaktischen Schock[1] demonstriert

[1] Ob man die an dem Uterus eines sensibilisierten Meerschweinchens durch Antigenkontakt hervorgerufene Kontraktion als „Schock" bezeichnen darf, soll hier nicht diskutiert werden. Man weiß, was damit gemeint ist, und verwendet die bequeme Ausdrucksweise, um sich unbequeme Umschreibungen zu ersparen.

haben. Die Arbeiten von H. O. SCHILD (137, 1939) sowie namentlich die exakten Bestimmungen der Zunahme des Histamins im Blute des anaphylaktisch reagierenden Meerschweinchens und des Hundes von C. F. CODE (1939) scheint DANIELOPOLU nicht gekannt zu haben. Er konstatiert, daß DALE die Wirkung des Antigens auf den isolierten Uterus des sensibilisierten Uterus durch die Liberierung von Histamin erklären wollte, während seine Untersuchungen lehren würden, daß es sich um die Liberierung von Acetylcholin handle.

Der Beweis, daß beim Kontakt des Uterus eines sensibilisierten Meerschweinchens mit Antigen in vitro Acetylcholin an die umgebende Flüssigkeit abgegeben wird, wurde in folgender Weise geführt. Es wurde festgestellt, daß Acetylcholin, Histamin und das K-Ion auf den Meerschweinchenuterus erregend wirken, daß aber Atropin nur die Wirkung des Acetylcholins, nicht aber jene des K-Ions oder des Histamins verhindert. Daher besitze man im Atropin ein wertvolles Mittel, um sich darüber Rechenschaft abzulegen, ob der Schock des isolierten Uterus durch Acetylcholin oder durch das Histamin oder das K-Ion verursacht wird. Nun wurden Meerschweinchen mit Pferdeserum aktiv präpariert, 20 Tage später der Uterus isoliert und seine beiden Hörner A und B im SCHULTZ-

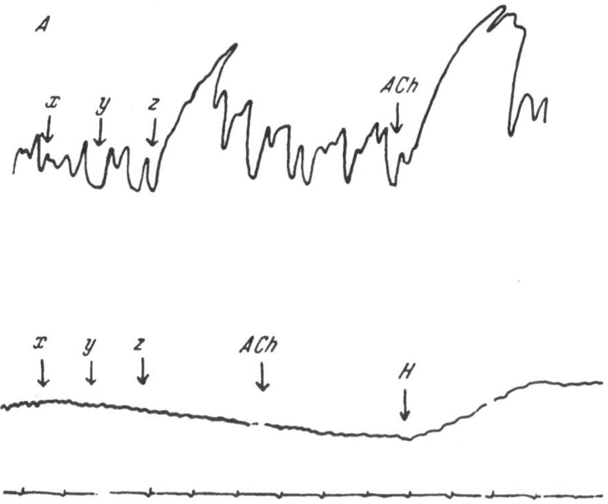

Abb. 4. Reaktionen der Uterushörner eines mit Pferdeserum sensibilisierten Meerschweinchens im SCHULTZ-DALE-Test. Erste Versuchshälfte. Oberer Kurvenzug ohne, unterer mit Zusatz von Atropin zum Wasserbad. Bei *x* Zusatz von Menschen-, bei *y* von Hammelserum, bei *z* Zusatz von Pferdeserum, bei *ACh* von Azetylcholin. *H* im unteren Kurvenzug entspricht dem Zusatz von Histamin.

DALE-Test gesondert auf ihre Reaktivität gegen Antigenkontakt in vitro geprüft. Dem Behälter, welcher das Horn B enthielt, wurde Atropin zugesetzt, der Behälter mit dem Horn A enthielt kein Atropin. Das Resultat des ganzen Versuches ist aus den hier reproduzierten Abb. 4

und 5 zu entnehmen. Zwischen den beiden Hälften des Experimentes wurde eine Waschung mit Tyrodelösung vorgenommen, nicht aber nach dem Zusatz jedes neuen Agens, wie das sonst geschieht. Die Konzentration des Atropins wurde nicht angegeben. In der ersten Versuchshälfte (Abb. 4) wurden zunächst unspezifische Antigene (Menschen- und Hammelserum, bei x bzw. y) zugesetzt, sodann bei z das spezifische Antigen (Pferdeserum), das eine kräftige Kontraktion auslöste, die aber, wie zu erwarten war, nicht gegen die Wirkung von Acetylcholin schützte, was bekanntlich auch dann der Fall ist, wenn man nach einer durch das spezifische Antigen ausgelösten Kontraktion Histamin einwirken läßt. Die Reaktionen des atropinisierten Hornes B sind im unteren Kurvenzug der Abb. 4 dargestellt; sie waren durchwegs negativ. DANIELOPOLU legt allerdings einen besonderen Wert darauf, daß Acetylcholin völlig wirkungslos war, während Histamin eine Erhöhung des Tonus zu verursachen vermochte. Von einer deutlich positiven Reaktion konnte aber in diesem Versuch nicht die Rede sein, so daß eine objektive Beurteilung des Resultates nur den Schluß erlaubt, daß Atropin in diesem Falle d. h. in dieser nicht angegebenen Konzentration das Acetylcholin stärker paralysiert hatte wie das Histamin.

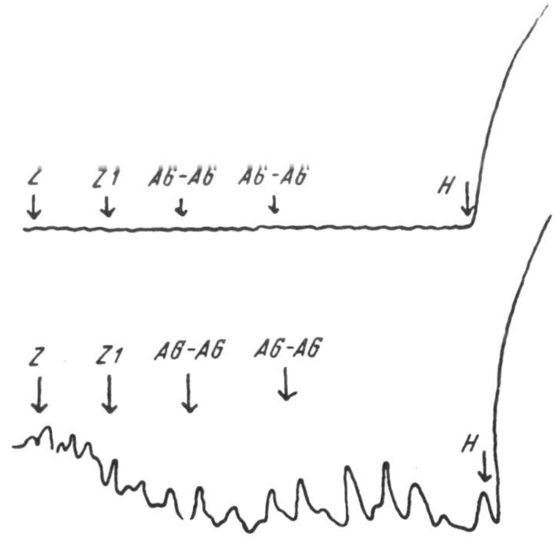

Abb. 5. Reaktionen der Uterushörner eines mit Pferdeserum sensibilisierten Meerschweinchens im SCHULTZ-DALE-Test. Zweite Versuchshälfte. Z und Z_1 Zusatz von Pferdeserum (Ausbleiben der Reaktion infolge der spezifischen Desensibilisierung in der ersten Versuchshälfte); *AG-AG* Zusatz von einprozentiger Agarlösung; *H* Zusatz von Histamin.

Nun wurden die Organe gewaschen und wohl auch die Flüssigkeiten durch frische Tyrodelösung ersetzt; es wird aber nicht angegeben, ob dem Behälter mit dem Horn B neuerlich Atropin zugefügt oder ob mit einer Dauerwirkung gerechnet wurde. Erneute Einwirkung des spezifischen Antigens (Pferdeserums) bei z und z_1 in Abb. 5) rief infolge der stattgehabten spezifischen Desensibilisierung keine Kontraktion hervor, ebensowenig Zusatz von Agar (siehe weiter unten), wohl aber von Histamin. Acetylcholin wurde in dieser zweiten Phase nicht mehr geprüft, und zwar weder beim Horn A noch bei B.

Daß die Kontraktion des Uterushornes eines sensibilisierten Meerschweinchens infolge des Kontaktes mit dem spezifischen Antigen auf der Liberierung von Acetylcholin beruht, war somit nicht durch die chemische Identifizierung der abgegebenen Substanz einwandfrei festgestellt worden, sondern nur biologisch durch den Antagonismus von Acetylcholin und Atropin, eine Methode, die DANIELOPOLU lediglich durch Prüfung anderer Antagonisten und Synergisten vervollständigt hat. Doch waren schon seit 1930 Verfahren zur chemischen Bestimmung des Acetylcholins wie auch des Cholins bekannt [s. M. GUGGENHEIM (1940) S. 161ff.]. Auch nach der negativen Seite waren die Untersuchungen ungenügend. Es handelte sich bei DANIEOPOLU nicht darum, daß der Antigenkontakt Acetylcholin frei macht, sondern auch, daß es nicht das Histamin sein kann, welches auf diese Weise vom sensibilisierten Gewebe abgegeben wird. Und für dieses Argument „e contrario" waren zuverlässige Methoden bekannt, wurden aber von DANIELOPOLU nicht benützt. Wenn man jedoch nachweisen will, daß im Versuch an isolierten Organen sensibilisierter Meerschweinchen eine bestimmte Substanz durch Antigenkontakt freigemacht wird, hat man offenbar die Flüssigkeiten zu untersuchen, in welchen sich diese Organe befinden. Diese Lücke wurde aber von DANIELOPOLU nicht empfunden, der ganz auf die Reaktionen und ihre Beeinflussung durch pharmakodynamische Antagonisten und nicht auf die Reaktionsprodukte eingestellt war. 1944 wurden später zu erwähnende Untersuchungen publiziert, welche Angaben über die von sensibilisierten Meerschweinchengeweben beim Kontakt mit Antigen an die umgebende Flüssigkeit abgegebenen Wirkstoffe Histamin *und* Acetylcholin enthielten; die Resultate waren den Aussagen von DANIELOPOLU diametral entgegengesetzt (s. S. 77).

Daß Meerschweinchen gegen den akuten anaphylaktischen Schock durch Atropinsulfat geschützt werden können, war seit 1910 bekannt. Es stellte sich aber bald heraus, daß dieser Schutz nur relativ ist und daß er versagt, wenn die Empfindlichkeit gegen das Antigen hochgradig ist oder wenn Multipla der einfach tödlichen Antigendosis injiziert werden [H. F. KARSNER und J. B. NUTT (1911)]. Die quantitativen Verhältnisse müssen daher berücksichtigt und in den Berichten über ausgeführte Versuche angegeben werden; es kann zu Fehlschlüssen verleiten, wenn, wie in den eben besprochenen Experimenten von DANIELOPOLU nicht mehr mitgeteilt wird, als daß dem Rezipienten, in welchem das eine Uterushorn enthalten war, „Atropin" zugesetzt wurde[1].

Die Wirkung des Atropins wurde früher allgemein dadurch erklärt, daß dieses Gift die Reaktionsfähigkeit der glatten Muskeln und der peripheren Gefäße stark herabsetzt, also in gewissem Sinne lähmend

[1] Es sei hier daran erinnert, daß man durch beliebige Mengen Arginin in vitro den Antagonismus dieser Aminosäure gegen Histamin und gegen die anaphylaktische Reaktion des sensibilisierten Meerschweinchendarmes überzeugend nachweisen konnte, während die Übertragung auf das Tier radikal enttäuschte (s. S. 37 bis 43).

auf die beiden Hauptangriffspunkte der pathogenen Antigen-Antikörper-Reaktion wirkt. D. DANIELOPOLU (1943) hat aber in dem Bestreben, den Antagonismus des Atropins in seine Theorie einzugliedern, eine kompliziertere Erklärung zur Hand. Er schreibt dem Atropin zwei Wirkungsqualitäten zu, nämlich einerseits die Fähigkeit, die Wirkung der Cholinesterase, welche das Acetylcholin fermentativ abbaut, zu paralysieren (die „antiacetylcholinolytische" Funktion), anderseits das Vermögen, die parasympathicushemmende Wirkung des Acetylcholins zu verhindern[1], die dadurch zustande kommt, daß das Atropin die Zellen der Erfolgsorgane gegen Acetylcholin unempfindlich macht. Mit steigender Atropindosis nehmen beide Auswirkungen zu, aber nicht in gleichem Ausmaße, sondern so, daß die an zweiter Stelle genannte im Bereiche der großen Dosen vorherrscht. Auch große Dosen müssen zwar kraft ihrer antiacetylcholinolytischen Komponente eine temporäre Anreicherung von Acetylcholin zur Folge haben, aber diese kommt wegen der durch das Atropin bewirkten Unempfindlichkeit der terminalen Zellen nicht zur Geltung und das Gesamtresultat ist die Unterdrückung des anaphylaktischen Schocks. Sind dagegen die Dosen klein, so werde der Schock wegen der Anreicherung des Acetylcholins in den Geweben verstärkt, da die parasympathicushemmende Funktion in diesem dosologischen Bereich zu schwach ist, um als Gegengewicht zu wirken. DANIELOPOLU hat diese Theorie der Wirkungsweise des Atropins, die er ausdrücklich als seine persönliche Auffassung bezeichnet, durch nachstehendes Schema illustriert, welches das Verhalten des Menschen gegen steigende Atropindosen aufzeigt.

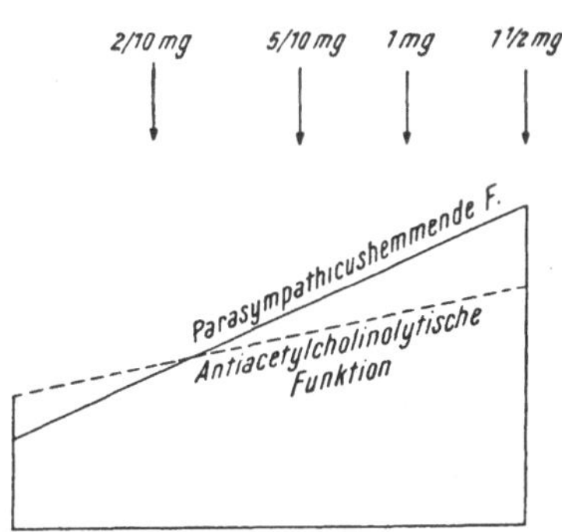

Abb. 6. Die beiden Wirkungen des Atropins. Wirkung auf den Menschen. Beim Menschen ist für Dosen unterhalb $^1/_4$ mg Atropinsulfat die antiacetylcholinolytiche Wirkung größer als die parasympathicushemmende. Oberhalb von $^1/_4$ mg ist es die zweite Funktion, welche dominiert.

Wie weit sich diese Hypothese dem wahren Sachverhalt annähert, soll hier nicht untersucht werden. In erster Linie steht ja die Frage zur Diskussion, ob die antagonistische Eigenschaft des Atropins tatsächlich und in jeder beliebigen Konzentration so scharf auf das Acetylcholin eingestellt ist, daß sie die Ausschließung des Histamins als Faktor des Reaktionsgeschehens ohne weiteres gestattet. Das geht aber aus den Versuchen von DANIELOPOLU nicht hervor. Übrigens hat DANIELOPOLU später zugegeben, daß Atropin auch den Histaminschock verhindern

[1] Im französischen Original als „action parasympathofrénatrice" bezeichnet.

kann, mit der Einschränkung, daß die erforderlichen Konzentrationen höher sein müssen als jene, welche die Wirkung des Acetylcholins paralysieren. Da aber DANIELOPOLU die Atropinkonzentration in den hier besprochenen Experimenten nicht angegeben hat, muß ihnen jede Beweiskraft aberkannt werden.

DANIELOPOLU hat, um seiner Theorie einen möglichst umfassenden Geltungsbereich zu sichern, auch die anaphylaktoiden Reaktionen herangezogen und zwar den Schock, den man durch intravenöse Injektion kleiner Mengen einprozentiger Agarlösung beim normalen Meerschweinchen hervorrufen kann. Abweichend von der Ansicht, welche sich J. BORDET, der diese Beobachtung machte, über den Mechanismus der Agarwirkung bildete, meint DANIELOPOLU, daß die Agarsuspension acetylcholinergisch sei. Durch eine Art Adsorption oder Anlagerung an die Zelle reize sie dieselbe und veranlasse die Abgabe von Acetylcholin. Der Agar wirke auf die Zelle in derselben Weise wie ein Antigen, und die Differenz reduziere sich darauf, daß das Antigen außer seiner unspezifischen Funktion auch eine spezifische besitze; aber die acetylcholinergische Funktion sei in einem wie im anderen Falle ein physikalisches Phänomen. In die zweite Hälfte des ausführlich geschilderten Versuches (s. Abb. 5) wurde dieser Agarschock einbezogen. Es sei daran erinnert, daß die beiden Uterushörner A und B desensibilisiert und in Tyradelösung gewaschen worden waren; sie reagierten daher nicht mehr auf das spezifische Antigen (Pferdeserum, zugesetzt bei z und z_1), aber auch nicht auf den Zusatz von Agarsuspension, was so erklärt wurde, daß der spezifische Schock nicht nur den Antikörper abgesättigt, sondern auch den Prächolinvorrat der Uterushörner erschöpft hatte. Der Beweis wurde nicht erbracht, obzwar es leicht gewesen wäre, den Cholingehalt eines Uterushornes vor und nach einer spezifischen Desensibilisierung zu bestimmen. Die Agarsuspension wirkte nicht, gleichgiltig ob das Uterushorn „atropinisiert" war oder nicht. Weil aber Histamin eine energische Kontraktion hervorrief (Acetylcholin wurde in dieser Phase des Experimentes nicht geprüft), wurde gefolgert, daß der Aufbrauch von Histamin nicht die Ursache der Reaktionsunfähigkeit auf das spezifische Antigen sowie auf Agarsuspension sein könne. Das ist nicht verständlich, da ja DANIELOPOLU, wie schon betont, selbst konstatiert hat, daß eine Desensibilisierung mit Antigen die Reaktionsfähigkeit auf Acetylcholin ebensowenig aufhebt. Wenn übrigens der in einem sensibilisierten Uterushorn ursprünglich vorhandene Vorrat von Histamin oder Prächolin durch eine Reaktion auf das spezifische Antigen verbraucht ist, so daß es auf erneute Antigenkontakte nicht mehr mit einer Kontraktion antworten kann, so bedeutet das natürlich nicht, daß von außen einwirkendes Histamin oder Acetylcholin unwirksam sein muß (s. S. 49).

Nach DANIELOPOLU hat man nicht zwei Arten von Antikörpern zu unterscheiden, von welchen die einen immunisieren, während die anderen anaphylaktisch machen. Vielmehr wirken nach seiner Ansicht alle Antikörper immunisierend. Hier kann man DANIELOPOLU zustimmen, aber nicht ohne einen wichtigen Vorbehalt. Man darf dem Worte „Immunität" nicht die Bedeutung einer Schutzwirkung und dem Ausdruck „Immunisieren" nicht den Sinn eines prophylaktischen Eingriffes unterstellen. Ich verweise auf meine, dieses Thema ausführlicher behandelnde Diskussion im ersten Teil dieser Monographie [R. DOERR (1950) S. 10f]. Gerade in diesen Fehler, den schon mehrere Autoren vor ihm begangen hatten, verfällt nun auch DANIELOPOLU und gerät infolgedessen in Konflikt mit der Notwendigkeit, die passive Anaphylaxie zu erklären. Er sucht den Knoten in folgender Art zu lösen. Das Serum eines mit einem Antigen behandelten Tieres, schreibt er auf S. 108 f. seiner Monographie, enthält nur Antikörper, und wenn wir dasselbe einem normalen Tier injizieren, erzeugen wir daher den Zustand der passiven Immunität und nicht eine passive Anaphylaxie. Die auf das normale Tier übertragenen Antikörper imprägnieren die Gewebe, und die nachfolgende Injektion des Antigens hat in den Geweben die Bildung der schützenden Komplexe Antikörper-Antigen und Antikörper-Antigen-Alexin zur Folge mit Freiwerden von Acetylcholin, welches, wenn es sich in einem gegebenen Zeitpunkt in genügender Menge vorfindet, den paraphylaktischen (lies „anaphylaktischen") Schock verursacht. Es handelt sich somit um ein schützendes Phänomen oder um eine passive Immunität, und der paraphylaktische Schock, welcher eintritt, ist nur ein Nebenprodukt („un déchet") eines Immunitätsphänomens.

Mischt man in vitro Antigen mit dem Serum eines mit diesem Antigen behandelten Tieres und Alexin, fährt DANIELOPOLU an der bezeichneten Stelle fort, und injiziert das Gemisch einem normalen Tier, so kann der dadurch ausgelöste Schock nicht dadurch erklärt werden, daß ein Anaphylatoxin entstanden ist, dessen Entstehung Niemand nachgewiesen hat. Vielmehr liege hier nur das Phänomen der Immunität in vitro vor, das in den Organismus eines normalen Tieres verpflanzt wird. Der schützende Komplex gelangt in den Bereich der Gewebe, setzt dort Acetylcholin in Freiheit und dieses löst den Schock aus. Man müsse sich übrigens fragen, ob nicht schon bei der Herstellung des Gemisches in vitro Acetylcholin frei wird, und überdies prüfen, ob nicht bei allen diesen Phänomenen (aktiver und passiver paraphylaktischer Schock) eine Verminderung der Cholinesterase mitspielt, welche die Anhäufung des Acetylcholins begünstigt.

Untersucht man diese Ausführungen auf ihren maßgebenden Inhalt, so wird der mit dem Thema Vertraute unschwer feststellen können, daß sich hinter ihnen nur die herrschende Ansicht verbirgt. Man braucht nur die von Danielopolu betonte Notwendigkeit, daß der „schützende“ Komplex Antikörper-Antigen in den Geweben entstehen oder in den Bereich der Gewebe gelangen muß, durch den geläufigen Begriff der zellständigen Antigen-Antikörper-Reaktion zu ersetzen und das liberierte Muskelgift im Histamin und nicht im Acetylcholin zu suchen und steht dann vor dem, was die Mehrzahl der zeitgenössischen Autoren als die vermutlich beste Antwort auf die Frage nach dem Mechanismus der anaphylaktischen Reaktionen betrachtet. Die Ablehnung der Möglichkeit, daß auch der Antikörper die immunologische Vorbedingung eines pathologischen Zustandes sein kann, ist ein Fremdkörper in dem Gefüge der hypothetischen Ausführungen von Danielopolu; er selbst stellt ja fest, daß der „schützende“ Komplex Antikörper-Antigen pathogen wird, allerdings mit der Einschränkung, daß dies nur durch die Liberierung von Acetylcholin aus den Geweben geschieht. Von der Erkenntnis, daß sich die Antigen-Antikörper-Reaktion (wenn sie zellständig ist) an sich schädigend auswirken kann, ist Danielopolu, von dem Dogma befangen, daß ein Antikörper dem Organismus nützen muß, weit entfernt. Eigentlich merkwürdig, da es doch jedem, der in immunologischen Dingen mitsprechen will, bekannt sein sollte, daß antigenhaltige Zellen durch den korrespondierenden Antikörper (im Verein mit Komplement, aber auch ohne dieses) auf das schwerste, d. h. bis zum Zelltod und zur völligen Auflösung geschädigt werden können (Cytolyse, Wirkung von Antiparamaecienserum auf Paramaecien). Auf das Phänomen der inversen Anaphylaxie ist D. nicht eingegangen; da er dem Antigen acetylcholinergische Eigenschaften zuschreibt, wäre es ihm leicht gefallen, die inverse Anaphylaxie in sein Hypothesengebäude einzugliedern.

Die Antianaphylaxie oder genauer präzisiert jenen Zustand der Reaktionsunfähigkeit gegen das spezifische Antigen, der resultiert, wenn man einem anaphylaktischen Tier das spezifische Antigen so zugeführt hat, daß das Leben nicht gefährdet wird, und den man daher als spezifische Desensibilisierung bezeichnet hat, erklärt Danielopolu durch das Zusammenwirken von zwei Faktoren, nämlich der Absättigung der Antikörper und dem Aufbrauch bzw. der Verminderung des Prächolins in den Geweben („décholinisation tissulaire“). Es wird nicht in Abrede gestellt, daß der erstgenannte Faktor beteiligt sein könnte, aber die Reduktion des Prächolingehaltes der Gewebe sei doch die Hauptsache und könne auch allein, d. h. ohne Erschöpfung des Antikörpers den Organismus vor dem Schock schützen. Wohl könne sich dann noch immer der Komplex Antigen-Antikörper-Alexin bilden, aber er trifft auf prächolinarme Gewebe und die Mengen Acetylcholin, die frei gemacht werden können, sind daher zu klein, um einen Schock zu provozieren. Dieser Abschnitt schließt mit der Behauptung, daß es weder eine Anaphylaxie noch eine Antianaphylaxie gibt. Es handle sich um Phänomene der Anti-Phylaxie verbunden mit einer Erschöpfung der Prächolinvorräte der Gewebe. Da am Anfang dieses Kapitels verlangt wird, daß das, was bisher als Antianaphylaxie bezeichnet wurde, nunmehr Antiparaphylaxie heißen soll, wie ja auch der Terminus Anaphylaxie von DANIELOPOLU in Paraphylaxie umgeändert wurde, handelt es sich nur um neue Benennung identischer Phänomene, welche die Existenz der Phänomene selbstverständlich nicht annullieren kann. Auch in nomenklatorischer Hinsicht handelt es sich übrigens nicht um eine grundsätzliche Neuerung. Bekanntlich wollte ja schon RICHET 1902 durch den Ausdruck Anaphylaxie den Gegensatz zur Schutzwirkung (Phylaxie) charakterisieren und in dem gleichen Fahrwasser bewegt sich auch DANIELOPOLU, das ἀνά in παρά abändernd, aber in dem gleichen naiven Erstaunen beharrend, dort, wo nur ein Schutz zu erwarten war, auf das Gegenteil zu stoßen. Die Vorstellung, daß jeder Antikörper eine zweckmäßige schutzbietende Abwehrreaktion sein müsse, entsprang der Entdeckung der Antitoxine durch BEHRING und KITASATO. Die Entwicklung der jüngsten Peripetie, welche die Toxine unter die Anaphylaktogene einreihte, konnte man, obwohl sich Ansätze 1927 bis 1931 abzuzeichnen begannen, im Jahre 1946, dem Jahre der Veröffentlichung der zweiten Ausgabe der Monographie von DANIELOPOLU, noch nicht voraussehen und die entscheidenden Arbeiten sind sogar erst 1948 erschienen [s. R. DOERR (1950) S. 177 bis 182], konnten also die gleichzeitige Publikation von DANIELOPOLU (1948) in der Schweizerischen medizinischen Wochenschrift noch nicht beeinflussen.

In dieser letzten Veröffentlichung DANIELOPOLUS, welche zu meiner Kenntnis gelangt ist, verteidigt der Autor seine Theorie nach wie vor hauptsächlich mit den Ergebnissen seiner (bereits besprochenen) Versuche, denen zufolge der Darm oder der Uterus sensibilisierter Meerschweinchen weder auf das spezifische Antigen noch auf Acetylcholin reagiert, wenn man sie vorher mit Atropin behandelt hat, während Histamin eine starke Kontraktion erzeugt. Es wird aber zugegeben, daß Atropin in großen Dosen auch die Histaminwirkung hemmt. In vivo kann man aber den durch spezifisches Antigen ausgelösten Schock des sensibilisierten Tieres nur abschwächen oder verhindern, wenn man mit der Dosierung des Atropins bis an die Toleranzgrenze geht, und da dieser Schock als paraphylaktischer qualifiziert wurde, muß man eben schließen, daß der Versuch am isolierten Organ keinen zuverlässigen Rückschluß auf das Verhalten des Organismus erlaubt, namentlich dann, wenn man nur im zweiten Falle die Dosierung des antagonistischen Atropins berücksichtigt. Erneut sei hier auf die Erfahrungen verwiesen, welche die Prüfung von Arginin und Histidin als Antagonisten des Histamins und der anaphylaktischen Reaktivität in vitro und in vivo zeitigten.

Es wird ferner ins Treffen geführt, daß im paraphylaktischen Schock eine Leukopenie mit begleitender Mononucleose und Eosinophilie festgestellt werden, eine Auswirkung, die sich auch durch Acetylcholin sowie durch Eserin und Strophantin hervorrufen läßt, während Histamin keine identischen Veränderungen des Blutbildes erzeugen soll[1].

Im paraphylaktischen Schock sollen ferner Störungen der Herztätigkeit auftreten, welche auch Acetylcholin hervorruft, aber nicht Histamin.

Endlich sollen im paraphylaktischen Schock Konvulsionen und Rotationsbewegungen auftreten, welche im Syndrom der Histaminvergiftung fehlen. Nun sind die Konvulsionen Folgen der bronchospastischen Erstickung, die in beiden Fällen sicher nachgewiesen ist, und „Rotationsbewegungen" habe ich in sehr zahlreichen Versuchen an Meerschweinchen nicht gesehen.

Daß auch im sogenannten paraphylaktischen (ci-devant anaphylaktischen) Schock die Histaminvergiftung eine Rolle spielt, wird von DANIELOPOLU nicht kategorisch geleugnet, aber in diesem Falle soll das Acetylcholin der primäre Faktor sein, welcher den Schock hervorruft, und das Histamin nur eine sekundäre Rolle spielen. Wie DANIELOPOLU diesen Konnex, den er den „cercle acetylcholino-histaminique" nennt, zu erklären sucht, mag man im Original nachlesen. Interessant ist, daß neurologische Begründungen erörtert werden, welche eine Liberierung von Histamin par distance plausibel machen sollen.

Auch andere Autoren haben der Acetylcholinhypothese den Vorzug vor der Histamintheorie eingeräumt. An erster Stelle seien die Arbeiten von K. NAKAMURA und seiner Mitarbeiter S. CHIGIRA und H. OHSUKA genannt, welche unabhängig von DANIELOPOLU, zum Teil aber mit gleichartiger Begründung zu dem Schlusse kamen, daß das Acetylcholin eine wesentliche Rolle in der Pathogenese des anaphylaktischen Schocks spielen dürfte, NAKAMURA (1941) geht davon aus, daß die Hauptsymptome des anaphylaktischen Schocks beim Meerschweinchen in einer allgemeinen Kontraktion glatter Muskeln und in der Hyperfunktion der Drüsen bestehen, also in Organgeweben, welche in die Domäne des parasympathischen Nervensystems gehören. Wenn man nun sensibilisierten Meerschweinchen das den Parasympathicus lähmende Atropin prophylaktisch injiziert, so sind sie häufig refraktär gegen eine Antigendosis, welche die Dosis minima letalis nicht erheblich überschreitet. Und wenn man den isolierten Darm sensibilisierter Meerschweinchen in vitro mit Atropin oder Adrenalin behandelt, so reagiert er im SCHULTZ-DALE-Test schon nach wenigen Minuten nicht mehr auf den Zusatz des spezifischen Antigens, ja die genannten Stoffe sind imstande, eine bereits eingetretene Kontrak-

[1] Es sei hiezu bemerkt, daß man die *gleichartigen Veränderungen* des Blutbildes und der Blutzusammensetzung im anaphylaktischen Schock und im Gefolge einer Histaminvergiftung geradezu als Beweis für die Richtigkeit der Histaminhypothese geltend gemacht hat [DZSINNICH und PÉLY (1934, 1934a), BÜNGELER (1932), PARROT (1939)].

tion wieder zur Erschlaffung zu bringen. Diese Beobachtungen zeigen an, daß die Lähmung des ganzen Parasympathicus oder vielleicht auch nur die Reizung der hemmenden Fasern, welche der Nerv enthält, an der Verhinderung oder an der Unterdrückung der anaphylaktischen Reaktion beteiligt sein müssen. Ferner konnte gezeigt werden, daß der sensibilisierte Darm, dessen Kontraktion durch das Antigen mit Hilfe von Atropin rückgängig gemacht wurde, durch Physostigmin wieder zu einer erneuten Kontraktion veranlaßt wird. Da das Physostigmin die terminalen Verzweigungen des Parasympathicus erregt, kann es die zweite Kontraktion bewirken, wenn sich die lähmende Aktion des Atropins ausschließlich auf diese Elemente beschränkt. Im Gegensatz hiezu wird die kontraktionserregende Wirkung des Histamins erst durch Atropindosen unterdrückt, welche zehnmal so groß sind als jene, welche die anaphylaktische Kontraktion rückgängig machen und das Physostigmin erweist sich dann als unwirksam. Daraus gehe hervor, daß der Sitz der anaphylaktischen Antigen-Antikörper-Reaktion hauptsächlich in die peripheren Apparate des autonomen Nervensystems zu verlegen ist, und daß ihre Auswirkung auf brüsken Veränderungen des kolloidalen Zustandes dieser Apparate, vielleicht in der Art einer Immunpräzipitation beruhen dürfte.

Daß die Antigen-Antikörper-Reaktion als solche zellschädigend wirken und dadurch die Ursache der pathologischen Manifestationen sein könnte, hält NAKAMURA für eine unbewiesene und auch schwer beweisbare Hypothese (vgl. hiezu die Prolegomena dieser Monographie). Er stellt sich daher auf die Seite jener Autoren, welche die vermittelnde Rolle eines endogen entstehenden oder frei gemachten Giftes für notwendig erachten. Daß sich die Annahme einer direkten zellschädigenden Wirkung der Antigen-Antikörper-Reaktion und die Liberierung von toxischen, im Organismus vorhandenen Stoffen keineswegs gegenseitig ausschließen [siehe unter anderem die Arbeiten von C. F. CODE (1939, 1944)], lag nicht in der Denkrichtung seiner Zeit, und NAKAMURA war wie fast alle anderen auf diesem Gebiet tätigen Autoren der Meinung, daß eine Lösung des Problems nur in einem aut-aut zu finden wäre.

Der Histamintheorie wollte sich NAKAMURA trotz der Arbeiten von D. ACKERMANN (1939) nicht anschließen, weil sein Mitarbeiter S. CHIGIRA (1941), wie schon früher bekannt, erneut festgestellt hatte, daß die Maus sowie die Ratte nur durch große Histamindosen getötet werden können, die im Organismus dieser Tiere gar nicht vorhanden sind. In der Tat mußte die Histamintheorie, soweit die anaphylaktischen Reaktionen der weißen Maus in Betracht kommen, in neuerer Zeit aufgegeben werden (s. S. 11) und daß sie sich bei der Ratte gleichfalls als unhaltbar erwies, ist trotz den Bemühungen von A. HOCHWALD und F. M. RACKEMANN doch evident [s. R. DOERR, (1950) S. 138]. Daß aber die Histamintheorie für diese beiden Tierspezies ungiltig ist, besagt natürlich nicht, daß an die Intervention einer anderen endogenen toxischen Substanz gedacht werden muß, vielmehr mußte ein positiver Beweis gefordert werden. Diesem Postulat sucht CHIGIRA in folgender Weise zu genügen.

Er machte zunächst darauf aufmerksam, daß Acetylcholin bei der Maus sowie bei der Ratte in weitaus kleineren Mengen als Histamin einen typischen, d. h. dem anaphylaktischen ähnlichen Schock zu erzeugen vermag[1]. Ferner konnte er nachweisen, daß das Serum der beiden Tierarten im anaphylaktischen Schock toxische Eigenschaften annahm; es löste, sofort nach der Entnahme am isolierten Darmstück eines normalen Meerschweinchens geprüft, in einer Verdünnung von 1 : 100 eine „merkliche Reaktion mit Kontraktion" aus. Es ist wohl anzunehmen, daß CHIGIRA die Kontrollen mit normalen Mäuse- und Rattensera nicht unterlassen hat, obzwar dem Verfasser weder bei CHIGIRA noch bei NAKAMURA eine diese Kontrollversuche schildernde Textstelle aufgefallen ist. Notwendig waren die Kontrollen zweifellos, da die Toxizität frischer Normalsera bekannt ist. CHIGIRA teilt mit, daß das Serum, selbst wenn es im Eisschrank aufbewahrt wurde, schon nach 24 Stunden unwirksam war, was, nebenbei bemerkt, auch für die primäre Toxizität frischer Normalsera gilt. Wurden Ratten oder Mäuse mit Histamin vergiftet, so wirkte das im Schock entnommene Serum gleichfalls auf den isolierten Meerschweinchendarm kontraktionserregend, behielt aber diese Fähigkeit bis zu 72 Stunden ungeschwächt. Ergänzend muß noch hinzugefügt werden, daß Mäuse- und Rattenserum, im Acetylcholinschock entnommen, sich hinsichtlich seiner Wirkung auf den Meerschweinchendarm und die Instabilität dieser Wirkung ebenso verhielten, wie Sera, welche von sensibilisierten Mäusen oder Ratten während eines durch Antigen provozierten Schocks gewonnen wurden.

Dies die unmittelbaren Versuchsergebnisse. Sie weisen insoferne eine Lücke auf, als das Acetylcholin nicht chemisch, sondern biologisch identifiziert wurde, und zwar 1. mit Hilfe eines Parallelismus zwischen der Instabilität der kontraktionserregenden Wirkung der Schocksera während einer anaphylaktischen Reaktion und einer direkten Acetylcholinvergiftung, und 2. einem Kontrast dieser Instabilität zur Stabilität dieser Eigenschaft im Histaminschock. Die Labilität wurde durch den Gehalt an Cholinesterase erklärt, aber die Anwesenheit derselben in den Schocksera wieder nur indirekt bewiesen durch die antagonistische Wirkung des Eserins. Eserin soll, schreibt CHIGIRA (l. c. S. 29) in kleinen, an sich unwirksamen Mengen fähig sein, die Wirkung des Acetylcholins zu vertiefen und länger andauern zu lassen. Auf diese Angabe gestützt, wurden Experimente ausgeführt, welche ergaben:

[1] Genaue komparative Auswertungen der Toxizität des Histamins und des Acetylcholins hat Verfasser in den ihm zugänglichen Arbeiten von CHIGIRA nicht gefunden (vgl. hiezu S. 57).

a) daß sensibilisierte und nach einer Vorbehandlung mit subkutan injizierten unterschwelligen Eserindosen durch Antigenzufuhr in eine anaphylaktische Reaktion versetzte Ratten „deutliche Schocksymptome zeigen und Sera liefern, die in der Verdünnung von 1 : 100 auf den isolierten Meerschweinchendarm kontraktionserregend wirken, diese Wirksamkeit jedoch unverändert durch 72 Stunden bewahren (Stabilisierung durch Eserin);

b) daß sich Rattenserum im Acetylcholinschock identisch verhält;

c) daß Acetylcholin auch im Reagenzglase durch Rattenserum schnell abgebaut wird, daß aber dieser Abbau verhindert werden kann, wenn dem Serum vorher unterschwellige Eserinmengen zugesetzt werden.

Die aus diesen Experimenten gezogenen Schlüsse wurden von CHIGIRA sehr vorsichtig dahin präzisiert, daß „die Wirkstoffe, welche sich im strömenden Blut der Mäuse und Ratten bei Serumanaphylaxie nachweisen lassen, durch das Serum und dergleichen leicht abgebaut, aber anderseits durch Eserin stabilisiert werden. Die Stoffe haben also diejenigen Eigenschaften, welche annehmen lassen, daß sie, von Histamin fernliegend, eher eine Verwandtschaft mit Acetylcholin haben“.

Abgesehen davon, daß das Acetylcholin in den Schocksera nicht chemisch, sondern nur biologisch bzw. durch einen pharmakodynamischen Indizienbeweis nachgewiesen wurde, ist noch eine andere Insuffizienz der Beweisführung zu konstatieren. Es genügt ja nicht, daß ein Gift im Schock frei wird, sondern es muß festgestellt werden, daß die in der Schockphase frei gewordenen Mengen in quantitativer Beziehung ausreichen, um die Symptome zu erklären. Die anaphylaktische Reaktion der Maus kann nach einer geeigneten Vorbehandlung letal verlaufen und auch bei der aktiv präparierten Ratte läßt sich unter besonderen Umständen ein schweres Bild der anaphylaktischen Reaktion erzielen. Bei den japanischen Autoren finden sich keine präzisen Angaben über die Acetylcholindosen, welche gleich starke pathologische Wirkungen bei normalen Mäusen und Ratten zu entfalten vermögen; es wird bloß betont, daß die Toxizität des Acetylcholins bei diesen Tierarten stärker ist als jene des Histamins, ohne jedoch das Verhältnis ziffernmäßig anzugeben. Von den Anhängern der Histaminhypothese wurde hingegen die Notwendigkeit der Ermittelung rationaler Beziehungen zwischen der Wirkung des supponierten Giftes auf das normale Tier und den im Schock frei werdenden Mengen dieses Giftes frühzeitig erkannt, wofür die Versuche von BARTOSCH, FELDBERG und NAGEL (1932b) ein beredtes Zeugnis ablegen.

Nicht in chronologischer, wohl aber in logischer Aneinanderreihung der Ergebnisse der Experimentalforschung seien nun einige Arbeiten besprochen, die sich insoferne enge an NAKAMURA und seine Mitarbeiter anschließen, als sie die Reaktivitäten der Ratte zum Gegenstande haben.

ST. WENT und J. MARTIN (1939) fassen frühere Angaben zusammen, aus denen hervorging, daß die weiße Ratte sich nicht oder nur unter speziellen Bedingungen durch Eiweißantigene sensibilisieren läßt [M. K. Ebert (1927)], und stellen auf Grund eigener Versuche fest, daß es nicht gelingt, durch die Erfolgsinjektion mit dem Antigen der Vorbehandlung die charakteristischen anaphylaktischen Reaktionen (Blutdrucksenkung, Bronchospasmus, Arrhythmie der Herzaktion) herbeizuführen. Die Ratten zeigen ferner eine außerordentlich hohe Resistenz gegen Histamin, Cholin und Acetylcholin, die sich auch an isolierten überlebenden Organen demonstrieren läßt. Die von Went und Martin ermittelten Daten wurden in Tab. 2 zusammengefaßt.

Tabelle 2.

	Kleinste noch wirksame Mengen der Schocksubstanzen in mg					
	Histamin		Cholin		Acetylcholin	
	Ratte	Meerschweinchen	Ratte	Meerschweinchen	Ratte	Meerschweinchen
Blutdruck	0,5 (Senkung)	0,05 (Steigerung)	ohne Wirkung	0,02	0,01	0,001
Bronchospasmus	0,001	0,0000001	1	0,05	0,01	0,00000005
Herz	0,1	0,00002	0,5	0,25	0,0002	0,00001

Aus der Tabelle ist zu entnehmen, daß die Resistenz der Ratte in den drei geprüften Beziehungen auch beim Acetylcholin ungleich größer ist als jene des Meerschweinchens. Da es sich hier um ganz verschiedene Wirkstoffe handelt, lehnen Went und Martin eine einheitliche Erklärung ab. L. C. Wyman (1928, 1929) sowie Wyman und C. Tum Suden (1929) hatten nachgewiesen, daß die Widerstandsfähigkeit der Ratte gegen den anaphylaktischen Schock und gegen die Histaminvergiftung durch beidseitige Nebennierenexstirpation herabgesetzt und durch Adrenalineinspritzung wieder erhöht wird und hatten daraus geschlossen, daß die Empfindlichkeit der epinephrectomierten Ratte durch den Funktionsausfall der Nebennieren bedingt ist. Die Exstirpation der Nebennieren erhöht außerdem auch die Empfindlichkeit der Ratte gegen Acetylcholin [C. A. Crivellari (1927)], indem die Dosis letalis, in mg pro kg Körpergewicht ausgedrückt, von 5000 auf 50 abgesenkt wird. Ferner ziehen Went und Martin die Behauptung von Coca, Russel und Baughman (1921) heran, daß die große Widerstandskraft der Ratte gegen Diphterietoxin auf einer Fähigkeit der Zellen beruht, sich gegen das Eindringen des Giftes abzusperren. So kommen Went und Martin zu dem Schlusse, daß die Resistenz der Ratte gegen den anaphylaktischen Schock, gegen Histamin, Cholin und Acetylcholin in mindestens drei Faktoren begründet zu sein scheint, nämlich 1. der Eigenschaft der glatten Muskelelemente, das Eindringen von Wirkstoffen in das Zellinnere zu verhindern, 2. der herabgesetzten Empfindlichkeit der autonomen Nervenendigungen und 3. der kompensatorischen Funktion des Nebennierenmarkes.

Schon zur Zeit, als WENT und MARTIN ihre Versuche abschlossen, waren sie in mehrfacher Beziehung nicht mehr einwandfrei. Um anaphylaktische Reaktionen zu erzielen, sensibilisierten die genannten Autoren Ratten zum Teile nur einmal durch Injektion von 0,5 ccm Rinderserum intraperitoneal, zum Teile durch 0,2 und nach drei Tagen durch 0,3 ccm Rinderserum und prüften die Reaktivität der Organe 21 bis 35 Tage nach der Sensibilisierung. Nun hatten J. T. PARKER und F. J. PARKER (1924) gezeigt, daß das aktiv anaphylaktische Experiment nur dann überzeugend positive Resultate liefert, wenn ganz bestimmte Bedingungen eingeholt werden, nämlich 1. die Präparierung durch mehrmalige Injektion des Antigens und 2. die Einschaltung eines Intervalles von nicht mehr als zehn Tagen zwischen der letzten präparierenden und der auslösenden oder Erfolgsinjektion der Antigene. Die Richtigkeit dieser Vorschriften wurde von zahlreichen Autoren [s. R. DOERR (1950) S. 25 und 135] bestätigt.

Später erschienen Arbeiten, aus denen hervorging, daß nicht nur die Exstirpation der Nebennieren, sondern auch andere Eingriffe in das System der inneren Sekretionen den anaphylaktischen Schock der Ratte verstärken [N. MOLOMUT (1937)], so daß die einseitige Berücksichtigung der Nebennierenfunktion nicht mehr aufrecht erhalten werden konnte.

Dagegen haben die von derselben Arbeitsgruppe durchgeführten Untersuchungen von J. MARTIN und A. VALENTA (1939) über den Histamingehalt der Organe der weißen Ratte ihre Bedeutung bewahrt. Sie dienten der Entscheidung der allgemeinen Frage, ob die Substanzen, von welchen man annimmt, daß sie den anaphylaktischen Schock vermitteln, nur deshalb auf die glatten Muskeln der weißen Ratte in so geringem Grade bzw. erst in außerordentlich hohen Konzentrationen einwirken, weil sie in den Rattenorganen nur in kleinen Mengen vorhanden sind und daher durch die Antigen-Antikörper-Reaktion nur in ungenügender Konzentration frei gemacht werden können. Die Bestimmungen erfolgten nach der von CODE verbesserten Methode von BARSOUM und GADDUM und erstreckten sich auf das Herz und das Blut, auf Lunge, Skelettmuskeln, Haut, Milz und Leber. Als Vergleichsobjekt dienten Angaben über den Histamingehalt gleichnamiger Organe von Kaninchen, vom Hund und von der Katze, entnommen der Monographie „Histamin" von W. FELDBERG und E. SCHILF (1930). Der Histamingehalt von Organen der weißen Ratte zeigte keine bedeutenden Abweichungen vom Histamingehalt der Organe anderer Versuchstiere; die Schockresistenz der Ratte konnte daher nicht auf die Histaminarmut dieser Tierart zurückgeführt werden, sondern auf ihre hochgradige Resistenz gegen die Wirkungen von biologischen Wirkstoffen und, wie im Hinblick auf die neueren Untersuchungen an der weißen Maus (s. S. 11) hinzugefügt werden muß, auch darauf, daß das tatsächlich vorhandene Histamin nicht mobilisiert wird. Doch ist der an zweiter Stelle genannte Faktor wohl nur in untergeordnetem Grade beteiligt, da injiziertes Histaminphosphat oder Histaminchlorhydrat erst in hohen Dosen Ratten zu töten vermögen. Dasselbe gilt allerdings auch für den Anteil des Histamins am anaphylaktischen Schock der Maus. Während aber die anaphylaktischen Versuche an der Maus in ihren verschiedenen Varianten leicht und mit maximalem Erfolg ausgeführt werden können, ist dies bei der Ratte nicht der Fall, wo man zu verschiedenen eingreifenden Maßnahmen (Exstirpationen von Organen, vitaminarmer Ernährung usw.) Zuflucht nehmen muß, um den letalen Ausgang anaphylaktischer Experimente zu erzwingen. Man sieht, daß bei zwei Tierspezies, die hinsichtlich ihrer Unterempfindlichkeit gegen Histamin auf derselben Seite stehen, eine grundsätzliche Differenz des Verhaltens gegen die das pathologische Geschehen einleitende und verursachende Antigen-Antikörper-Reaktion anzunehmen ist, und diese Erkenntnis bleibt als Rückstand aller Erörterungen über vermittelnde Wirkstoffe übrig.

S. Went und K. Lissak (1935a, b) hatten nachgewiesen, daß am Herz des sensibilisierten Meerschweinchens eine spezifisch anaphylaktische Reaktion durch Perfusion mit antigenhaltiger Tyrodelösung hervorgerufen werden kann, deren Charakter für eine Vaguserregung sprach. Setzte man zur Tyrodelösung Atropin zu, so blieb die Reaktion aus, Physostigmin beeinflußte sie dagegen nicht, so daß die Annahme gerechtfertigt schien, daß der wirksame Stoff Cholin sein könnte. Da aber das Cholin als ein biologisch relativ unwirksamer Stoff betrachtet wird, wurden die Autoren auf den Gedanken gebracht, daß die Sensibilisierung den Reaktionszustand des Herzens ändern könnte, d. h. daß sich das normale und das sensibilisierte Herz des Meerschweinchens voneinander durch ihre Cholinempfindlichkeit unterscheiden. Das Experiment rechtfertigte die Annahme. Das Cholin erwies sich für das normale Herz nur in Verdünnungen von höchstens 1 : 5000 als wirksam, während das sensibilisierte Herz auch noch auf Konzentrationen von 1 : 20000 bis 30000 reagierte; außerdem bestand auch eine qualitative Differenz, indem das sensibilisierte Herz nicht nur mit einer Frequenzabnahme, sondern auch mit einer Arrhythmie der Herzaktion auf die Antigeneinwirkung antwortete. Diese Untersuchungen wurden 1939 von J. Martin und S. Went wieder aufgenommen und auf Histamin und Acetylcholin sowie auf ein zweites Versuchstier (die sensibilisierte Ratte) ausgedehnt. Als Kriterien dienten abermals das Verhalten des Blutdruckes, der Bronchialmuskulatur und des isolierten Herzens. Als das einzige sichere Ergebnis wurde nur verzeichnet, daß die Cholinempfindlichkeit des isolierten Meerschweinchenherzens durch die Sensibilisierung des Tieres mit Rinderserum auf das Mehrhundertfache erhöht worden war. Eine sichere Erklärung dieses Phänomens konnte nicht abgegeben werden. Da sich die Wirksamkeit hochverdünnter Cholinlösungen auf das sensibilisierte Herz nicht nur in einem chronotropen und inotropen Effekt manifestierte, sondern auch in einer für den anaphylaktischen Schock des Meerschweinchenherzens charakteristischen Arrhythmie, könnte man annehmen — meinen MARTIN und WENT —, daß die Permeabilität oder Affinität des Reizleitungssystems gegenüber Cholin durch die Behandlung des Tieres mit artfremdem Eiweiß stark erhöht wird, so daß diese Elemente auch durch niedrige Cholinkonzentrationen vergiftet werden können. Eine andere Möglichkeit sehen die genannten Autoren darin, daß im sensibilisierten Herzmuskel die Veresterung des Cholins leichter zustande kommt. Wurde das isolierte Herz eines sensibilisierten Meerschweinchens durch spezifisches Antigen desensibilisiert, so nahm die Cholinempfindlichkeit ab, bis jener Grad der Reaktivität erreicht war, welcher dem Verhalten des normalen Herzens gegen Cholin entsprach.

Das Herz des sensibilisierten Meerschweinchens nimmt noch in einer anderen bemerkenswerten Beziehung eine Sonderstellung ein. Wenn man es mit der Lösung des spezifischen Antigens perfundiert, gibt es an die Durchströmungsflüssigkeit einen biologisch aktiven Stoff ab, der auf Grund der Prüfung am Froschherz (Hemmung durch Atropin) und seiner Unwirksamkeit auf Blutegelpräparate als Acetylcholin agnosziert werden konnte. Der Cholingehalt des sensibilisierten Herzens war annähernd gleich groß wie der des normalen Herzens, zeigte aber nach dem Ablauf eines anaphylaktischen Schocks eine deutliche Abnahme, während der Histamingehalt des Herzmuskels unverändert blieb. Daraus ging hervor, daß die während des anaphylaktischen Schocks am isolierten Herz beobachtete negativ chronotrope und inotrope Wirkung sowie die Arrhythmie durch das aus dem Herzmuskel freiwerdende Cholin verursacht wird [S. WENT und K. LISSAK (1936)]. Diese Beobachtungen wurden 1944 von S. FARBER, A. POPE und E. LANDSTEINER jr. mit einer Einschränkung hinsichtlich der Konstanz des Resultates bestätigt. Von sensibilisierten Meerschweinchen entnahmen die genannten Autoren das Herz, die Lunge und den Dünndarm. Ein Teil des Organs wurde in Tyrodelösung verbracht und ein Teil in Ringerlösung mit Zusatz von Physostigmin[1]. Nun wurde ein Fragment jedes Organs durch das spezifische Antigen (Pferdeserum in vitro nach der Technik von SCHILD durch Zusatz von 0,05 bis 0,2 ccm Pferdeserum in den anaphylaktischen Reaktionszustand versetzt und der Acetylcholingehalt sowie der Histamingehalt der das Organfragment umgebenden Flüssigkeit bestimmt. Es ergab sich, daß aus den Lungen und dem Darm sensibilisierter Meerschweinchen, welche in vitro

[1] Physostigmin verhindert die hydrolytische Zersetzung des Acetylcholins.

durch Antigen in Schock versetzt wurden, nicht mehr Acetylcholin frei gemacht wird als aus den gleichnamigen Organen normaler Meerschweinchen. Die Abgabe von Acetylcholin durch das Herz konnte nur in 10 Prozent der durch das Antigen in Schock versetzten Herzen nachgewiesen werden; sie fehlte aber völlig in Versuchen mit normalen und sonst gleich behandelten Meerschweinchenherzen. Die Liberierung von Histamin aus Geweben sensibilisierter Meerschweinchen während des anaphylaktischen Schocks konnte erneut festgestellt werden. Diese Experimente haben auch eine Bedeutung für die retrospektive Interpretation der Versuche von BARTOSCH, FELDBERG und NAGEL (s. S. 8), stehen aber im Widerspruch mit den Versuchsresultaten von DANIELOPOLU. FARBER und seine Mitarbeiter haben die vor 1944 veröffentlichten Arbeiten von DANIELOPOLU offenbar nicht gekannt.

So wird man vor eine eigenartige Situation gestellt, welche sich aus der Konkurrenz der beiden führenden Hypothesen über das Freiwerden von chemisch definierten Giftes im anaphylaktischen Schock ungewollt ergeben hat. Im Schockorgan des Meerschweinchens, als welches man zweifellos die Lunge anzusehen hat, wird Histamin und nicht Acetylcholin frei, und für die pathologischen Vorgänge in einem und anscheinend nur einem Organ, dem Herzen, welche für den letalen Ausgang des aktiven Schocks nicht verantwortlich gemacht werden können, vielleicht aber am protrahierten Schock maßgebend beteiligt sind, wäre das Acetylcholin das die Symptome vermittelnde Agens. Damit sind die Komplikationen keineswegs erschöpft. Histamin und Acetylcholin wirken nicht nur am Orte, wo sie frei gemacht werden, sie gelangen vielmehr in die Blutzirkulation und können daher die ihnen eigentümlichen Wirkungen auch in entlegenen Bezirken entfalten. Bei Meerschweinchen und Hunden konnte das von den Organen dieser Versuchstiere abgegebene Histamin nicht nur in den Schockorganen (Lunge bzw. Leber) nachgewiesen werden, sondern im strömenden Blut [C. F. CODE (1939), DRAGSTEDT und GEBAUER-FUELNEGG (1932)] und zu der Annahme, daß die anaphylaktischen Symptome der Maus und der Ratte durch liberiertes Acetylcholin hervorgerufen werden, gelangte S. CHIGIRA (1941) durch Feststellung der biologischen Eigenschaften, welche das Blutserum im anaphylaktischen Schock dieser Tierspezies annimmt. Zu einer klaren Scheidung der beiden Anteile, welche die toxischen Wirkstoffe, soweit sie an bestimmten Orten abgegeben und soweit sie durch die Blutströmung in entfernte Organe befördert werden, am pathologischen Geschehen haben, ist es noch nicht gekommen. Diese Aufgabe dürfte aus mehreren Gründen schwer lösbar sein. Erstens hat H. O. SCHILD (1937, 1939) gezeigt, daß das Histamin im anaphylaktischen Schock des Meerschweinchens nicht nur im Schockorgan, in der Lunge abgegeben wird, sondern daß die Histaminausschüttung an vielen Orten gleichzeitig erfolgt (s. S. 14). Zweitens lassen sich die an einer Tierart ermittelten Resultate nicht ohne weiters auf eine andere übertragen. Wenn man das tut und beispielsweise aus der Unempfindlichkeit der weißen Maus für Histamin folgern würde, daß dieser Wirkstoff auch an den anaphylaktischen Reaktionen des Meerschweinchens oder des Hundes nicht beteiligt sein kann, redet man eben aneinander vorbei. Das geschieht aber, wenn auch nicht immer expressis verbis, so doch in der Art, daß derartige Schlußfolgerungen nahegelegt werden. Der einzig richtige Standpunkt ist jedoch, sich von allen Verallgemeinerungen fernzuhalten, abgesehen von der Aussage, daß die anaphylaktischen Phänomene bei allen Tierarten letzten Endes auf einer Antigen-Antikörper-Reaktion beruhen müssen. Im übrigen ist der Mechanismus der anaphylaktischen Phänomene für jede Tierart ein Spezialproblem, auch dann, wenn sich gemeinsame Kriterien wie z. B. für das Meerschweinchen und den Hund oder für die Maus und die Ratte nachweisen lassen. Der unbefriedigende Stand der Lehre von den vermittelnden Schockgiften ist wohl in erster Linie darauf zurückzuführen, daß diese Lehre zu stark in den Vordergrund geschoben wurde und daß man über der Kampfparole „hie Histamin, hie Acetylcholin" das ungleich wichtigere, allerdings auch weit schwerer lösbare Problem des Wesens der zellschädigenden Antigen-Antikörper-Reaktion vernachlässigte. Daß auch die zerhackte Arbeits- und Publikationsweise unserer Zeit schuldig ist, welche die Probleme in ungezählte Einzelfragen aufsplittert, wird niemand leugnen, der das Studium der gewaltigen Literatur zu bewältigen sucht. Es sei hier abermals auf die zutreffende Kritik von P. WEISS (1945) verwiesen, die leider keine merkliche Besserung gezeigt hat.

Zusammenfassung.

1. Die von Anhängern der Acetylcholinhypothese aufgestellte Behauptung, daß die Lunge und andere Gewebe des Meerschweinchens im anaphylaktischen Schock Acetylcholin und nicht Histamin abgeben, konnte nicht bewiesen werden; sie steht mit festgestellten Tatsachen in Widerspruch.

2. Eine Ausnahme bildet nur das sensibilisierte Herz des Meerschweinchens, das beim Kontakt mit Antigen Acetylcholin abgibt; der Nachweis gelingt nur in einem gewissen Prozentsatz der Versuche, doch wurde bisher die Ursache der negativen Resultate nicht aufgeklärt.

3. Auch beim Hunde ist der im anaphylaktischen Schock liberierte Wirkstoff das Histamin; die Histaminabgabe konnte als Funktion der Zeit quantitativ geprüft und mit dem Ablauf der Symptome in Konnex gebracht werden.

4. Im Blutserum anaphylaktisch reagierender Mäuse und Ratten konnte ein Stoff nachgewiesen werden, der biologisch die Eigenschaften

des Acetylcholins aufwies. Der Schock der Maus verläuft nach entsprechender Präparierung schwer bis letal, der Schock der Ratte leicht. Ob dies mit den frei werdenden Mengen Acetylcholin zusammenhängt, ist vorderhand nicht bekannt, ebensowenig, ob bei jeder der beiden Tierarten die liberierte Acetylcholinmenge genügt, um die Symptome zu erklären. Die intravenös letalen Dosen Acetylcholin sind (auf das kg Körpergewicht berechnet) für Maus und Ratte gleich, was einen Widerspruch zur anaphylaktischen Reaktivität der beiden Tierspezies bedeutet.

III. Der Schultz-Dale-Test. — Grenzen seiner Beweiskraft. — Fehlerquellen.

Zunächst muß festgestellt werden, daß der SCHULTZ-DALE-Test isolierter Dünndarmsegmente von sensibilisierten Meerschweinchen und die Beeinflussung ihrer Reaktion gegen Antigen-Kontakt durch verschiedene chemisch definierte Antagonisten (Aminosäuren, Atropin, Physostigmin, synthetische Antihistaminica) in solchem Umfange verwendet wurde, daß man fast nicht von „einer" Methode, sondern von der Methode der Wahl sprechen kann. In Anbetracht dieser Sachlage ist es zu begrüßen, daß P. A. NICOLL und D. H. CAMPBELL (1940) die Geschichte dieses Tests mit größter Vollständigkeit dargestellt und Verbesserungen der erforderlichen Apparaturen vorgeschlagen haben. NICOLL und CAMPBELL schreiben dem überlebenden Dünndarmsegment sensibilisierter Meerschweinchen denselben, wenn nicht noch größeren Wert als Testgewebe zu wie dem virginalen Uterus, wenn es sich um den Nachweis der „Anaphylaxie in vitro" handelt. Sie selbst konnten mit dieser Methode zeigen, daß der Darmtest nicht vor dem sechsten Tage nach der sensibilisierenden Injektion des Meerschweinchens positiv wird und daß er sich nicht langsam zu entwickeln scheint, wenn man die für eine positive Reaktion erforderliche Antigen-Konzentration als Maßstab der Sensibilität zur Zeit der Ausführung der Probe betrachtet. In einer zweiten Arbeit, in welcher neben Darmstreifen auch die Uteri von sensibilisierten Meerschweinchen als Testgewebe verwendet wurden, konnten CAMPBELL und NICOLL (1948) feststellen, daß zirkuläre und longitudinale Uterusmuskeln von sensibilisierten trächtigen Meerschweinchen entgegen früheren Angaben auf Antigenkontakt intensiver reagieren als virginale Uteri, und daß fetales Darmgewebe, entnommen von trächtigen sensibilisierten Meerschweinchen in der 7. oder 8. Woche der Gravidität, auf den Antigenkontakt mit einer positiven Reaktion antwortet. Besonderes Interesse bieten aber Experimente, denen zufolge das Lungengewebe sensibilisierter Meerschweinchen infolge der Einwirkung von Antigen eine Substanz an die umgebende Flüssigkeit abgibt, welche den Uterus einer normalen Ratte zur Kontraktion bringt. Da Histamin in der gewöhnlichen Konzentration auf den normalen Uterus der Ratte nicht wirkt, während Acetylcholin eine kräftige Kontraktion auslöst, wurde die Vermutung rege, daß es sich um eine cholinergische Substanz handeln könnte, doch wurde die Verifizierung weiteren chemischen Studien überlassen. Immerhin gehört diese Publikation zu den Vorläufern der ausführlicher begründeten Untersuchungen über die Richtigkeit der Acetylcholinhypothese und hätte daher an anderer Stelle besprochen werden sollen. Wenn dies erst hier geschieht, so war für diese Wahl die Objektivität maßgebend, welcher sich CAMPBELL und NICOLL bei der Diskussion ihrer eigenen Versuche befleißigten. Es wird ausdrücklich hervorgehoben, daß die Versuche wechselnde Resultate ergaben. So blieb in manchen Fällen die Reaktion des Rattenuterus aus, wenn Antigen in Gegenwart von sensibilisiertem Lungengewebe von Meerschweinchen zugesetzt wurde, oder der normale Rattenuterus reagierte auch nicht auf die direkte Einwirkung von Acetylcholin in üblicher Dosierung oder es konnte sich ereignen, daß weder der Meerschweinchenuterus noch der Rattenuterus reagierte. Auch wurde beobachtet, daß die Reaktion des normalen Rattenuterus auf das vom Lungengewebe des sensibilisierten Meerschweinchens abgegebene Material in der Regel stärker war als jene, welche man mit dem Material erzielte, das durch direkte Einwirkung von Antigen auf den sensibilisierten Rattenuterus gewinnen konnte. Zwar suchen CAMPBELL und NICOLL die Inkonstanz ihrer Versuchsergebnisse überall, nur nicht dort, wo sie zu finden war, nämlich im SCHULTZ-DALE-Test an isolierten Gewebsproben sensibilisierter Tiere ohne Bestätigung der Resultate am intakten Tier. Es wurde schon im ersten Teile der Monographie über die Anaphylaxie [s. R. DOERR (1950), S. 52] auseinandergesetzt, daß man aus dem Verhalten des isolierten Uterus keinen bindenden Schluß auf die Reaktivität des intakten Tieres ableiten darf, und daß neuere Autoren wie L. B. WINTER (1944, 1945) dem Verhalten des Uterus als Indikator der Reaktivität des Tieres, dem er entnommen wurde, nur einen sehr geringen Wert beilegen wollen. Für Dünndarmstreifen sensibilisierter Tiere (in der Regel des Meerschweinchens) gilt dies in erhöhtem Grade. Haben doch D. H. CAMPBELL und G. E. MCCASLAND (1944) sowie A. H. KEMPF und S. M. FEINBERG (1948) gezeigt, daß nicht alle Dünndarmabschnitte eines sensibilisierten Meerschweinchens auf eine und dieselbe Antigenkonzentration gleich stark reagieren, und KEMPF und FEINBERG konnten sogar feststellen, daß sich ein oder zwei Dünndarmabschnitte eines sensibilisierten Meerschweinchens auf Antigenkontakt überhaupt nicht kontrahieren, während sich die anderen als reaktionsfähig erweisen.

Daß der Versuch am isolierten überlebenden Schockorgan oder gar nur an einem Gewebsstück keinen zuverlässigen Rückschluß auf das Verhalten des intakten Tieres erlaubt, ist im Grunde genommen a priori verständlich, da eben dem lebenden Organismus ein abgetrennter Teil desselben substituiert und überdies in andere Verhältnisse versetzt wird. Daß man die Gewebsfragmente in eine Tyrodelösung bringt und diese bei einer Temperatur von 37 bis 38° C mit Sauerstoff durchperlt, ist wohl eine unvollständige Kopie der im Organismus herrschenden Lebensbedingungen. Die Blutzirkulation ist ja meist ausgeschaltet, ja es wird das in den Geweben vorhandene bzw. verbliebene Blut durch Perfusion mit Tyrodelösung soweit als möglich entfernt, wobei noch eine in der Norm nicht bestehende Durchtränkung des perivaskulären Bindegewebes und eine Änderung der Zusammensetzung der interstitiellen Gewebslymphe in Kauf genommen werden muß. Daß es nicht gleichgültig ist, ob man durch ein isoliertes Testorgan ein zu prüfendes Agens in Tyrodelösung oder in Blut als Vehikel durchleitet, lehren die auf S. 38 zitierten Versuche, aus denen hervorgeht, daß erstens Pepton, Ascaridenextrakt oder Antigen aus der isolierten Leber des Hundes nur dann Histamin frei machen, wenn man diese Agenzien in möglichst unverändertem Blut gelöst durch die Gefäße strömen läßt, aber nicht, wenn man sie in Tyrode als Medium für die Perfusion verwendet, und zweitens, daß die Differenz wahrscheinlich darauf zurückzuführen ist, daß man die histaminreichen Thrombocyten und Leukocyten aus dem Komplex der im lebenden Organ herrschenden Bedingungen eliminiert.

Dazu kommen Fehlerquellen, welche zum Teil in dem Verfahren selbst, zum Teil aber auch in der Art, wie es gehandhabt wird, begründet sind.

Bekanntlich [s. u. a. R. Doerr (1950), S. 46 bis 57] wird das zu prüfende Gewebsstück (Uterushorn, Darmwandstreifen von Meerschweinchen) in einem eprouvettenartigen Behälter derart montiert, daß es am Boden desselben fixiert ist, während das obere Ende durch einen Seidenfaden mit einem Schreiber in Verbindung steht, welcher die Kontraktionen und Relaxationen auf einer mit berußtem Papier bekleideten rotierenden Trommel verzeichnet. Um über die Geschwindigkeit des Reaktionsablaufes Aufschluß zu erhalten, wird die Zeit in Abständen von Sekunden oder Minuten auf dem gleichen Papier registriert. Das Volumen des Gewebsstückes wird nicht bestimmt, was auch überflüssig sein mag, da die Schwankungen nur gering sind und das Resultat des Versuches wahrscheinlich nicht alterieren. Aber es wird manchmal, namentlich in neueren Arbeiten, auch das Volumen der Flüssigkeit, in welcher das Gewebsstück suspendiert ist, nicht angegeben, und diese Unterlassung ist entschieden bedenklicher, da das Volumen des Bades je nach der verwendeten Apparatur erheblich verschieden ist. Von dem Volumen des Bades hängt ja die Konzentration des Agens ab, welchem das geprüfte Gewebe ausgesetzt wird, und wenn man es nicht kennt, so wird die Angabe der Versuchsbedingungen kaum exakter, wenn man erfährt, daß der das Gewebe umgebenden Flüssigkeit z. B. 5 ccm Pferdeserum zugesetzt wurden. Aber auch auf diese halbe Genauigkeit muß man verzichten, wenn es bloß heißt, daß das Gewebsstück „atropinisiert“ wurde und wenn außerdem die Einwirkungsdauer und die Dauer des Resultates der Einwirkung verschwiegen wird. Man könnte einwenden, daß es sich stets um relativ kurzfristige Experimente handle, und daß eindeutige Resultate hinsichtlich der erzielten Effekte und ihrer Antagonisten für eine sichere Beantwortung der vorgelegten Fragen genügen. Das scheint aber nicht der Fall zu sein, da es sonst unverständlich wäre, daß Autoren, welche sich des nämlichen Testobjektes bedienten, zu entgegengesetzten Schlußfolgerungen gelangten.

Wenn man den Uterus eines sensibilisierten Meerschweinchens zu einer Zeit, in welcher das Tier anaphylaktisch ist, isoliert und in eine indifferente Flüssigkeit (LOCKE-RINGER- oder Tyrodelösung) verbracht hat, so zeigt er noch eine Stunde lang Spontankontraktionen und man muß selbstverständlich abwarten, bis diese Phase erhöhter Reizbarkeit abgelaufen ist [R. WEIL (1914), M. WALZER und E. F. GROVE (1925), P. A. MOODY (1940)]. D. DANIELOPOLU hat aber, wie aus den meisten in seiner Monographie abgebildeten Kurven hervorgeht, diese Vorschrift völlig ignoriert und in der Phase der maximalen spontanen Erregbarkeit die Wirksamkeit kontraktionserregender Substanzen nach der Verschiebung der registrierten spontanen Kontraktionen auf ein höheres Niveau beurteilt.

Wenn man in vitro eine Immunitätsreaktion, z. B. eine Hämolyse, eine Agglutination oder Präzipitation anstellt, so wird die Untersuchung im allgemeinen nicht in dem Sinne orientiert, ob überhaupt ein positives Ergebnis erzielt werden kann, sondern man sucht die Frage zu beantworten, unter welchen quantitativen Bedingungen das positive Resultat eintritt. Im Falle der Immunpräzipitation, deren engere Beziehungen zur anaphylaktischen Antigen-Antikörper-Reaktion wohl nicht in Abrede gestellt werden können, geht man so vor, daß man zu einer bestimmten Menge antikörperhaltigen Immunserums fallende Mengen eines Antigens hinzufügt und die Grenzverdünnung des Antigens bestimmt, welche noch als positives Resultat bewertet werden kann. Obwohl es nun sicher ist, daß die anaphylaktischen Phänomene auf Antigen-Antikörper-Reaktionen beruhen müssen, begnügt man sich hier meist mit einem „Aut-aut“, d. h. mit der Feststellung, ob eine Kontraktion des Uterushornes eines sensibilisierten Meerschweinchens durch Antigenkontakt in vitro erzielt werden kann oder nicht, ob sie sich durch Atropin verhindern läßt oder nicht und so fort. Dieser Verzicht auf „Grenzpunktbestimmungen“ ist dadurch bedingt, daß man, um sich den Umweg über die Erzeugung heterologer Immunglobuline zu ersparen, fast immer mit Geweben aktiv sensibilisierter Tiere gearbeitet hat, wo jede Aussage über die Menge des in Aktion tretenden Antikörpers unmöglich ist. Auf die Verwendung der Organe (des Uterushornes) passiv anaphylaktischer

Meerschweinchen ist, soweit dies dem Verfasser bekannt ist, P. A. MOODY (1940) verfallen, indem er sich auf die Untersuchungen von R. WEIL und von M. WALZER und E. GROVE stützte, denen zufolge die passive Sensibilisierung weit regelmäßigere und übereinstimmendere Resultate liefert als die aktive. Man kennt natürlich auch bei einer passiven Sensibilisierung nicht die Menge des in einem Uterushorn vorhandenen Antikörpers, darf aber annehmen, daß sie unter sonst gleichen Bedingungen nicht in erheblichem Ausmaße variiert. Es sei hier auf die Besprechung der erzielten Ergebnisse im ersten Teile der „Anaphylaxie" (S. 77 bis 83) verwiesen. Die totale Vernachlässigung der quantitativen Beziehungen kann jedoch auch dann, wenn man die bequemere Prüfung der Reaktivität isolierter Gewebsstücke aktiv anaphylaktischer Tiere verwendet, nicht gutgeheißen werden. Vielmehr gilt auch hier wie überall in der naturwissenschaftlichen Forschung der Satz des BACO VON VERULAM: „Messe, was du messen kannst und was du nicht messen kannst, mache meßbar." Nach dem Vorgehen von MOODY kann man den Uterus eines aktiv sensibilisierten Meerschweinchens in acht Teile teilen und hat damit die Möglichkeit, die Antigenkonzentration in hinreichender Abstufung zu prüfen.

Aber auch solche quantitative Verfeinerungen des SCHULTZ-DALE-Tests am isolierten Organ sind, das kann nicht genug betont werden, nicht geeignet, das Experiment am intakten Tier zu ersetzen. Um dies noch durch ein allerdings nicht in jeder Beziehung passendes Beispiel zu illustrieren, sei auf die Untersuchungen verwiesen, welche sich mit der Schutzwirkung der Histaminase gegen eine Histaminvergiftung und gegen den anaphylaktischen Schock befaßten [H. L. ALEXANDER und DONALD BOTTOM (1940)].

In vitro erfordert es längere Zeit, manchmal 24 Stunden, bis Histamin durch Histaminase völlig inaktiviert wird. Es hängt dies von mehreren Faktoren ab, so von dem Verhältnis von Histamin und Histaminase, welche im Versuch verwendet werden, vom p_H des Mediums, vom Zutritt freien Sauerstoffs, dem Schütteln der Versuchsröhrchen usw. Im Organismus des Kaninchens kann man hingegen schon nach zwei Stunden eine deutliche Herabsetzung der Histaminkonzentration des Blutes feststellen und die Verminderung der Acidität des Magensaftes tritt schon binnen einer Stunde nach der intravenösen Injektion von Histamin ein. Doch läßt sich auch in vivo ein gewisses Minimum nicht unterbieten und die Behauptung von S. KARADY und J. S. L. BROWN (1939), daß Meerschweinchen gegen den anaphylaktischen Schock und gegen die Histaminvergiftung geschützt werden können, wenn man 15 Minuten vor der intravenösen Injektion von Antigen oder Histamin Histaminase intravenös injiziert, konnte von ALEXANDER und BOTTOM nicht bestätigt werden. Versuche über die Wirkung von Histamin-Histaminase-Gemischen (nach abgestufter Inkubationsdauer) auf den normalen Meerschweinchenuterus sind dem Verfasser nicht bekannt.

IV. Die Antigen-Antikörper-Reaktion.

Sie ist nicht nur die Ursache der anaphylaktischen Phänomene, sondern bestimmt auch durch die Geschwindigkeit ihres Ablaufs die Schwere der Symptome sowie das Ausmaß der Abgabe toxischer Stoffe (Histamin, Heparin, Acetylcholin) durch die Zellen, an denen sie sich abspielt. Sehen wir doch, daß wir beim sensibilisierten Versuchstier auch auf der Höhe seiner anaphylaktischen Reaktivität die Auswirkung einer intravenösen, also besonders gefährlichen Injektion sonst letaler Antigendosen beliebig abschwächen, ja bis auf Null reduzieren können, wenn wir das Tempo der Injektion hinreichend verlangsamen oder das gesamte Antigenquantum in kleinen Teildosen verabreichen; an den beiden Reaktionskomponenten, dem Antikörper und dem Antigen, wird in diesem Falle weder in qualitativer noch in quantitativer Hinsicht etwas geändert, sondern es wird nur der Reaktionsablauf abgebremst. Anderseits ist es bekannt, daß, so wie bei den Immunitätsreaktionen in vitro auch im anaphylaktischen Experiment das mengenmäßige Verhältnis der Reaktionskomponenten eine entscheidende Rolle spielt. Im aktiv anaphylaktischen Versuch kann man die Menge des Antikörpers nur darnach beurteilen, ob ein Schock von gewünschter Intensität oder Letalität erzielt werden kann. Sehr aufschlußreich ist dagegen in dieser Beziehung das passiv anaphylaktische Experiment am Meerschweinchen. Mit Hilfe dieser Versuchsanordnung konnte gezeigt werden:

1. Daß die Mengen Immunglobulin, welche genügen, um bei einem Meerschweinchen einen letalen Schock auslösen zu können, außerordentlich klein sind. Es genügen 0,02 ccm Kaninchenimmunserum, was ungefähr 0,2 mg Immunglobulin (oder 0,005 bis 0,03 mg Antikörper-N) entspricht, und ähnliche Werte konnten auch für Meerschweinchenimmunsera ermittelt werden [E. A. Kabat und H. Landow (1942), E. A. Kabat und M. H. Boldt (1944), E. A. Kabat (1947)]. Man kennt allerdings nur die Menge Antiserum, die man dem Meerschweinchen einverleibt hat, aber nicht die Art seiner Verteilung im Organismus. Aber man kann annehmen, daß die Verteilung ceteris paribus gleichartig ist, und daß es sich um eine weitgehende Aufteilung des Antikörpers handeln muß. Es reagiert ja der isolierte Uterusmuskel, der isolierte Darm, die isolierte Lunge und nach den Versuchen von H. O. Schild, in welchen die Histaminliberierung als Indikator einer stattgefundenen Antigen-Antikörper-Reaktion verwendet wurde, noch eine Reihe anderer Organe bzw. Gewebe. Ist nun die Menge Immunglobulin, welche man zur erfolgreichen passiven Präparierung eines Meerschweinchens benötigt, erstaunlich klein, so kommt man auf Grund dieser Dispergierung und multiplen Fixierung des Antikörpers zu weit extremeren Vorstellungen.

2. Durch das passiv anaphylaktische Experiment hat man auch die Frage zu lösen versucht, in welchem Verhältnis Antikörper (Immunsera) und Antigen zueinander stehen müssen, um optimale Resultate zu erzielen. Es stellte sich heraus, daß mit der Zunahme der Dosis des Immunserums eine Abnahme der tödlichen Antigendosis einherging, worin man eine Ähnlichkeit mit der Immunpräzipitation in vitro erblicken wollte, bei welcher die Menge des Antigens stark vermindert werden kann, während schon eine mäßige Reduktion des Präzipitins (Antiserums) das Zustandekommen einer sichtbaren Flockung verhindert [s. R. Doerr (1950), S. 78f]. Obwohl sich auch sonstige Übereinstimmungen zwischen Präzipitinreaktion und passiver Anaphylaxie ergaben, wie bei der fraktionierten Absättigung des Antikörpers durch Antigen [R. Doerr (1950), S. 79f], ist es doch durch die minimalen Quanten Immunserums, welche für die passive Präparierung eines Meerschweinchens ausreichen, und ihre Verteilung auf große Gewebsvolumina sehr fraglich geworden, ob der Gedanke an eine „Präzipitation in vivo" irgendwelche Berechtigung hat.

Die längst bekannte Tatsache, daß mit der wachsenden Dosis des passiv präparierenden Immunserums die letale Antigendosis abnimmt, wurde neuerdings von B. Benacerraf und E. A. Kabat (1949) mit Hilfe einer besonderen Methodik [Bestimmung des Antikörpers und des Antigens durch seinen Stickstoffgehalt nach M. Heidelberger und F. E. Kendall (1935)] bestätigt. Wenn man als passiv präparierenden Antikörper stets Immunserum von Kaninchen verwendet, läßt sich natürlich gegen die quantitative Bewertung des Antikörpers nach dem N-Gehalt nicht viel einwenden; anders liegt die Sache bereits, wenn man Immunsera verschiedener Provenienz auf Grund des im Immunglobulin enthaltenen N miteinander vergleicht, und überhaupt nicht zu rechtfertigen ist es, wenn man den N-Gehalt der Antigene als Maßstab verwendet. Die Antigene wirken als ganzes und nicht durch ihren N-Gehalt und wenn man auch hier wieder sagen könnte, daß bei einem und demselben Antigen der N-Gehalt für quantitative Angaben zulässig ist, so ist es in keiner Weise gutzuheißen, wenn, wie in der zitierten Publikation, schlechtweg Antikörper-N und Antigen-N einander gegenübergestellt werden. Da in den Versuchen von Benacerraf und Kabat nur ein Immunserum von Kaninchen und ein Antigen (kristallisiertes Ovalbumin) verwendet wurden, so kann man die Schlußfolgerungen der genannten Autoren gelten lassen. Keine von ihnen ist aber neu, auch die Feststellung nicht, daß das für einen tödlichen Schock notwendige Verhältnis von Antikörper und Antigen je nach der zwischen passiver Sensibilisierung und Injektion des Antigens verflossenen Zeit differiert.

3. Können wir uns über den Charakter der Antigen-Antikörper-Reaktion, welche den anaphylaktischen Phänomenen zugrunde liegen muß, nicht bestimmt aussprechen, außer daß ihre Geschwindigkeit das

ganze Geschehen mit Einschluß der Liberierung toxischer Stoffe souverän beherrscht, so ist uns doch eine wertvolle lokalisatorische Aussage möglich: Diese Reaktion muß zellständig sein, sie muß sich an der Oberfläche der Zellen abspielen. Alle die mannigfaltigen Erscheinungen an isolierten Organen und Organfragmenten aktiv und passiv sensibilisierter Tiere, welche wir de facto feststellen, wären ja sonst unverständlich. Die Lunge des sensibilisierten Meerschweinchens zeigt als pars pro toto die bronchospastische Immobilisierung, der isolierte Uterusmuskel reagiert auf Antigenkontakt mit einer Kontraktion usw. Diese Effekte sind in einem gewissen Ausmaß ebenso spezifisch wie das Verhalten des intakten Tieres, und sie könnten es nicht sein, wenn sie nicht den reaktionsfähigen Antikörper enthielten, und dies ist eben nicht anders vorstellbar als durch die Annahme, daß der Antikörper an ihnen in einer durch ihre Abtrennung vom Organismus nicht zerstörbaren Verbindung haftet. Für die Zellständigkeit der anaphylaktischen Reaktionen spricht auch die Tatsache, daß das heterolog passive Experiment nicht immer ein positives Resultat gibt, d. h. daß das Immunserum einer Tierspezies A nicht alle heterologen Arten B, C, D zu präparieren vermag; die negativen Ergebnisse sind konstant, hängen also einerseits von dem heterologen Immunglobulin, anderseits vom Empfänger desselben gesetzmäßig ab.

Aus den Kontraktionen isolierter glattmuskeliger Organe des sensibilisierten Meerschweinchens können wir ferner entnehmen, daß die immunologische Reaktion als Reiz wirkt. Nicht bei allen Versuchstieren ist der Konnex zwischen Reiz und Reizfolge so evident, wie beim Meerschweinchen, und auch beim Meerschweinchen ist es uns nicht klar, warum die zellständige Antigen-Antikörper-Reaktion als Reiz wirkt. Aber nach der Auffassung des Verfassers bleibt es immer ein Hysteron-Proteron, wenn man für die Reaktionen der isolierten Organe einen vermittelnden Wirkstoff verantwortlich macht, der durch die Antigen-Antikörper-Reaktion aus den Zellen frei gemacht wird. Wie das C. F. CODE (1944) statuiert und F. SEELICH (1948) kolloidchemisch präzisiert hat, ist die Antigen-Antikörper-Reaktion der primäre zellreizende bzw. zellschädigende Vorgang und das Freiwerden von Wirkstoffen eine sekundäre Folge, mögen sie am pathologischen Endeffekt auch einen mehr oder minder großen Anteil haben. Schließlich hat man nicht einwandfrei festgestellt, ob sich das isolierte Uterushorn eines sensibilisierten Meerschweinchens erst dann kontrahiert, nachdem es infolge eines Antigenkontaktes Histamin abgegeben hat oder ob die Kontraktion und die Histaminabgabe koinzidierende Folgen der Antigen-Antikörper-Reaktion sind.

4. Um den Zusammenhang zwischen Sensibilisierung und Empfindlichkeit zu ermitteln, hat man versucht, die Sensibilisierung und den Antigenkontakt in das Reagenzglas zu verlegen. Es sei auf die Ausfüh-

rungen im ersten Teil dieser Monographie verwiesen [R. DOERR (1950), S. 68f]. Hier möchte der Verfasser nochmals auf die Angaben von A. KULKA aufmerksam machen. A. KULKA (1942) teilte mit, daß Antigen-Antikörper-Gemische — hergestellt aus einem Immunserum vom Kaninchen gegen den Pneumokokkentypus III und dem Polysaccharid dieses Typus — den normalen Meerschweinchenuterus zur Kontraktion bringen. Die Verfasserin schränkte diese Aussage in der Folge [A. KULKA (1943)] dahin ein, daß nur Gemische wirksam sind, welche noch genügende Mengen freien (nicht abgesättigten) Antikörpers enthalten; werde der Antikörper vollständig ausgefällt, so wirken weder die bei der Reaktion in vitro ausfallenden Niederschläge noch die überstehenden Flüssigkeiten auf den normalen Uterus. Ferner tauchte A. KULKA (1943) den Uterus normaler Meerschweinchen in ein Bad, welches Antiserum vom Kaninchen enthielt; wurde das Bad nach ein bis fünf Minuten gewechselt, so wirkte der Zusatz von Antigen kontraktionserregend, was als Beweis betrachtet wurde, daß der Antikörper vom überlebenden Gewebe fixiert worden war. Dieses rasche „Zellständigwerden des Antikörpers in vitro" entspricht durchaus den Erfahrungen, daß es bei anderen Versuchstieren (Hunden, Mäusen) kein Latenzstadium der passiven Anaphylaxie gibt. Die Versuche von A. KULKA sind nicht weiter verfolgt worden; sie geben über die inverse Anaphylaxie keine Auskunft, bei der man ja ebenfalls ein Latenzstadium beobachtet hat.

5. Ein Weg, um den Mechanismus der anaphylaktischen Antigen-Antikörper-Reaktion besser zu durchleuchten, bestünde in der Anwendung antianaphylaktischer Agenzien, welche weder die Wirkung von Histamin oder Acetylcholin paralysieren noch auch den Antikörper schädigen, sondern lediglich die Reaktion des Antikörpers mit dem Antigen verhindern oder verzögern. Zum Teil ist dieses Postulat bereits dadurch erfüllt, daß man durch die Art der Zufuhr des Antigens bei vorhandenem und fixiertem Antikörper, die pathologischen Konsequenzen der Reaktion beliebig eliminieren kann. Wie sich in dieser Beziehung die inverse Anaphylaxie verhält, ist nicht völlig aufgeklärt [R. DOERR (1950), S. 70 f]. Es wäre aber erwünscht, Substanzen ausfindig zu machen, welche nur die Reaktion von Antikörper und Antigen beeinträchtigen oder verhindern, ohne sonst irgend etwas zu ändern. Ein Versuch, der in diese Richtung zeigt, ist die Angabe von M. H. LEPPER, E. R. CALDWELL, P. K. SMITH und B. F. MILLER (1950), daß Salicylate oder Aminopyrin oral verabreicht, die Zahl der Todesfälle von Kaninchen im anaphylaktischen Schock herabsetzen. Chemisch und pharmakologisch nahe verwandte Verbindungen hatten diese Wirkung nicht, so daß angenommen wurde, daß es sich nicht um einen Mechanismus wie bei den Antihistaminica und auch nicht um pharmakologische Antagonisten, sondern um eine direkte Einwirkung auf die Antigen-Antikörper-Reaktion handelt.

Natürlich ist das nur ein erster Schritt; die weitere Entwicklung ist abzuwarten, aber das Fahnden nach Antagonisten des anaphylaktischen Schocks, welche weder die Vergiftung mit Histamin noch jene mit Acetylcholin zu beeinflussen vermögen, ist aussichtsreich. Im Rutin (P. Vitamin) wurde angeblich (s. S. 52) eine Substanz gefunden, welche anaphylaktische Reaktion oder ihre Konsequenzen verhindert, gegen die Histaminvergiftung aber machtlos ist. Wie es sich in dieser Hinsicht mit dem Cortison verhält, ist nur einseitig festgestellt, indem sich C. T. NELSON, FOX und FREEMAN (1950) überzeugen konnten, daß Cortison 18 Stunden vor der Injektion des Antigens in der Dosis von 0,75 bis 3,0 mg intramuskulär gegeben, bei Mäusen den anaphylaktischen Schock verhütete, während von 34 Kontrollmäusen, die nicht durch Cortison geschützt waren, 28 verendeten. Der Schutz war insoferne nur temporär, als Mäuse, welche infolge des Cortisonschutzes die Antigeninjektion überstanden hatten, elf Tage später einer zweiten Antigeninjektion ungefähr in demselben Prozentsatz erlagen wie durch Cortison ungeschützte Mäuse. Hier erhält man tatsächlich den Eindruck, daß das Cortison den Antikörperbestand nicht änderte, sondern bloß die Reaktion mit dem Antigen verhinderte. War bis vor kurzer Zeit die Lehre von den pharmakodynamischen Antagonisten der Anaphylaxie der Tummelplatz einer wüsten Empirie [vgl. R. DOERR (1950), S. 163 f], so scheint es doch nunmehr, als ob im weiteren und zielbewußten Fortarbeiten in dieser Richtung ein positiver Gewinn erzielt werden könnte. Und der positive Gewinn kann nach der Ansicht des Verfassers nur darin bestehen, die Pathogenität der Antigen-Antikörper-Reaktion von der Liberierung ähnlich wirkender toxischer Substanzen abzugrenzen.

Mit der Versicherung vom BRAM ROSE (1947, S. 547), daß die Histamintheorie nicht behaupte und nicht behauptet habe, daß alle Manifestationen der Antigen-Antikörper-Reaktion auf Histaminwirkungen zurückgeführt werden können, kann man sich als Naturwissenschaftler nicht zufriedengeben. Es muß vielmehr entschieden werden, in welchem Umfange und in welcher Kausalität die Antigen-Antikörper-Reaktion am pathologischen Geschehen beteiligt ist, und in welchem Ausmaße die Mitwirkung von frei werdenden Wirkstoffen zugestanden werden darf. Schon der Umstand, daß die Frage nach dem maßgebenden liberierten Wirkstoff nicht eindeutig, sondern für verschiedene Tierarten, ja für dieselbe Tierart verschieden beantwortet wurde, weist darauf hin, daß man sich hier von dem essentiellen Geschehen entfernt. Für den Verfasser besteht kein Zweifel, daß die Hypothesen der Liberierung von vermittelnden Schockgiften über das Ziel hinaus geschossen haben. Es ist aber eine alte Erfahrung, daß das Pendel wissenschaftlicher Meinung aus Extremlagen immer in die entgegengesetzte Richtung zurückschwingt, und diese Umkehr ist vorauszusehen und abzuwarten.

6. Was man von den verbesserten Methoden für die Reindarstellung der Antikörper und von der Verwendung weitgehend gereinigter Antigene zu erhoffen hat, mag dahingestellt bleiben. Verlangt muß in diesem Falle werden, daß jeder Vorschlag, die quantitative Bestimmung der in Reaktionen tretenden Antikörper und Antigene auf eine exaktere Grundlage zu stellen, rational begründet werden kann. Die Biologie kann naturgemäß nicht an die Postulate der Physik heranreichen, aber auch in der Biologie muß eine vorgeschlagene Verbesserung der Methodik ihre Berechtigung durch die auf diese Weise erzielten Resultate nachweisen. Ist dieser Nachweis erbracht worden? Diese Frage kann nicht bejaht werden. Bis in jede Einzelheit läßt sich feststellen, daß alle prinzipiell wichtigen Ergebnisse der Anaphylaxieforschung mit der Verwendung von Immunserum und meist mit „ungereinigten" Antigenen erzielt wurden, und daß die vorgeschlagenen quantitativ und biochemisch genaueren Methoden nichts an der Problematik der anaphylaktischen Phänomene und an den möglichen Lösungen dieser Probleme geändert haben. Und es handelt sich ja keineswegs um eine Änderung der Methoden, sondern darum, daß diese Änderung eine Vertiefung der Erkenntnis erzielt. Soweit die den anaphylaktischen Phänomenen zugrunde liegende Antigen-Antikörper-Reaktion in Betracht kommt, ist dieses Ziel durch die Änderung der Methoden speziell durch Verwendung des Stickstoffgehaltes zur quantitativen Bestimmung von Antigen-Antikörper und Komplement nicht erreicht worden [vgl. hiezu die Kritik von R. Doerr in der Abhandlung über das Komplement (1947), S. 22f]. Es sei beispielshalber daran erinnert, daß die außerordentlich kleinen Mengen Antikörper, welche genügen, um ein Meerschweinchen in den passiv anaphylaktischen Schock zu versetzen, rein volumetrisch durch die erforderliche Menge Immunserum bestimmt werden konnte, wobei noch die Erwägung in die Waagschale fiel, daß nicht das ganze Antiserum sondern nur das in demselben enthaltene Immunglobulin an der Wirkung beteiligt war; die Bestimmung des in diesem Quantum enthaltenen Stickstoffs hat zur schärferen Präzisierung des Sachverhaltes nichts beigetragen, wohl aber die nicht auf biochemischem, sondern auf tierexperimentellem Wege gewonnene Erkenntnis, daß sich das passiv präparierende Minimalquantum Immunglobulin auf zahlreiche Organe und Gewebe verteilt.

Selbstverständlich soll und muß die Immunitätsforschung unausgesetzt bestrebt sein, die Methoden, welche die Beziehungen der Antigene zu den Antikörpern klarstellen wollen, zu vervollkommnen. Welche großen Fortschritte auf diesem Wege erreicht wurden, ist bekannt und wird durch neue Errungenschaften wie das Verfahren von J. Oudin (1946, 1947, 1948, 1949) bestätigt. Aber man soll sich nicht sagen müssen: „Ein großer Aufwand ist vertan".

Nachtrag.

Nach Abschluß der vorliegenden Monographie sind noch einige Publikationen zu meiner Kenntnis gelangt, die mir wichtig genug erscheinen, um sie an dieser Stelle zu erwähnen. Sie betreffen Antagonisten des anaphylaktischen Schocks und zwar das Heparin und das D-Catechin.

1. KYES, PRESTON und E. R. STRAUSSER (1926, J. Immunol. 12, 941) hatten gefunden, daß Heparin, in hoher Dosis intravasal injiziert, den akut letalen Schock des Meerschweinchens verhindert. Diese Angabe wurde von H. DYCKERHOFF, R. MARX und W. ZIEGLER (1941, Z. exp. Med. 102, 772) bestätigt, welche feststellten, daß 30 mg Heparin pro kg Meerschweinchen intravasal notwendig sind, um den akut letalen Schock dieser Tierspezies zu paralysieren. Nun wirkt Heparin gerinnungshemmend, hemmt aber auch in hohen Dosen die Komplementfunktion der Plasmen verschiedener Tierarten in vitro und in vivo. Der antianaphylaktische Effekt des Heparins könnte, wie R. MARX, H. BAYERLE und J. SKIBBE (1949, Arch. f. exp. Path. und Pharm., 206, 334) ausführen, auf einer dieser beiden Wirkungsqualitäten beruhen; sie wollen sich aber nicht mit Bestimmtheit darüber aussprechen, ob die Hemmung der Komplementfunktion den Ausschlag gibt. Diese Formulierung der Frage ist jedoch nicht richtig oder vielmehr nicht vollständig. Der akut letale anaphylaktische Schock des Meerschweinchens beruht bekanntlich auf einer zellständigen Antigen-Antikörper-Reaktion, durch welche Histamin aus den Geweben der Lunge frei gemacht wird, ein Prozeß der den bronchospastischen Erstickungstod zur Folge hat. Die antianaphylaktische Wirkung hoher Heparindosen könnte daher auch darauf zurückgeführt werden, daß die zellständige Antigen-Antikörper-Reaktion oder ihre Folge, die Liberierung von Histamin nicht stattfinden kann oder stark abgebremst wird. So lange diese Möglichkeiten nicht ausgeschlossen werden können, bleibt der Mechanismus der Heparinwirkung ein ungelöstes Problem.

2. Weit interessanter ist eine 1950 erschienene Mitteilung von J. N. MOSS, J. M. BEILER und G. J. MARTIN (Science 112, 16). Diese Autoren sensibilisierten 7 von 14 Meerschweinchen mit normalem Pferdeserum und injizierten ihnen 19 Tage hindurch je 2 mg D-Catechin (ein glukonfreies Flavonoid) intraperitoneal, die restlichen 7 Meerschweinchen dienten als Kontrollen. Nach Ablauf der 19tägigen Behandlung erhielten alle Tiere 0,1 bis 0,5 ccm frischen normalen Pferdeserums intracardial. Die mit D-Catechin vorbehandelten Meerschweinchen zeigten keine Erscheinungen, während sämtliche Kontrollen typisch reagierten und an bronchospastischer Erstickung zugrundegingen. 4 weitere Meerschweinchen wurden eine Woche lang mit D-Catechin vorbehandelt und dann mit 1mg Histamindiphosphat intracardial injiziert; sie verendeten binnen

wenigen Minuten und der autoptische Befund war derselbe wie bei den Kontrollen der ersten Gruppe, welche im akuten anaphylaktischen Schock eingegangen waren. Die zitierten Autoren schlossen aus diesen Versuchen, daß D-Catechin gegen den anaphylaktischen, aber nicht gegen den Histaminschock schützt und führen die antianaphylaktische Wirkung vermutungsweise auf eine Hemmung der Histidindecarboxylase zurück, eine Reaktion, welche die Bildung (Liberierung) von Histamin verhindern würde. Man darf auf die weitere Entwicklung gespannt sein. Verfasser konnte im Jahrgang 1950 der Quaterly Review of Allergy and applied Immunology nur die oben zitierte Publikation ausfindig machen, die, das muß zugegeben werden, versuchstechnisch nicht ganz befriedigt.

Literaturverzeichnis.

ABEL, J. J. and D. I. MACHT (1919), J. Pharmacol. **14**, 279.
ABELL, R. G. and H. P. SCHENK (1938), J. Immunology **34**, 195.
ACKERMANN, D. (1910), Z. f. phys. Chemie **65**, 504; **69**, 273.
— (1939), Naturwissensch. **27**, 515.
ACKERMANN, D. und W. WASMUTH (1939), Z. f. phys. Chemie **259**, 28.
— — (1939b), Z. f. phys. Chemie **260**, 155.
AHLMARK, A. (1944), Acta physiol. Scandinav. **9**, 27.
AIRILA, Y. (1914), Skand. Arch. f. Physiol. **31**, 388.
ALEXANDER, H. L. and D. BOTTOM (1940), J. Immunology **39**, 457.
ALLES, G. A., B. B. WISGRAVER and M. A. SHULL (1943), J. Pharm. a. exp. Therap. **77**, 54.
AMBACHE, N. and G. S. BARSOUM (1939), J. Physiol. **96**, 139.
ANREP, G. V., M. S. AYADI, G. S. BARSOUM, J. R. SMITH and M. M. TALAAT (1944), J. Physiol. **103**, 155.
ARBESMAN, C. E., E. NETER and CH. F. BECKER (1950), J. Allergy **21**, 25.
ARELLANO, M. R., A. H. LAWTON and C. A. DRAGSTEDT (1940), Proc. Soc. exp. Biol. a. Med. **43**, 360.
AUER, J. (1911), J. exp. Med. **14**, 476.

BANTING, V. G. and S. GAIRNS (1926), Americ. J. Physiology **77**, 100.
BARGER, G. and H. H. DALE (1910), J. Physiol. **40**, 38.
BARSOUM, G. S. and J. H. GADDUM (1935), J. Physiol. **85**, 1.
BARTOSCH, R., W. FELDBERG und E. NAGEL (1932a), Arch. f. d. ges. Physiol. **230**, 129.
— — — (1932b), Arch. f. d. ges. Physiol. **230**, 674.
— — — (1933), Arch. f. d. ges. Physiol. **231**, 616.
BENACERRAF, B. and E. A. KABAT (1949), J. Immunology **62**, 517.
BEST, C. H. (1929), J. Physiol. **67**, 256.
BEST, C. H., H. H. DALE, W. W. DUDLEY and W. H. THORPE (1927), J. Physiol. **62**, 397.
BIEDL, A. und R. KRAUS (1909), Wien. klin. Wochenschr. **22**, 363.
— — (1910), Zbl. Bakt. I. Ref., Beihefte **47**.
— — (1911), Handb. d. exper. Technik u. Methodik d. Immunitätsfschg., 1. Ergzsbd., Jena.
— — (1913), Dtsch. med. Wochenschr., Nr. 20.
BLOCH, W. und H. PINÖSCH (1936), Naturwissensch. **23**, 236.
BOVET, D. et A. M. STAUB (1937), C. rend. Soc. Biol. Paris **124**, 547.
BRONFENBRENNER, J. (1915), J. exp. Med. **21**, 480.
— (1914a), Proc. Soc. exp. Biol. a. Med. **12**, 6.
— (1914b), Pensylvania S. M., M. J. **18**, 2.
— (1944), Ann. Allergy **2**, 472, 476.
— (1948), J. of Allergy **19**, 71.
BÜNGELER, W. (1932), Frankf. Z. Pathologie **44**, 1.

CAMPELL, D. H. and G. E. MCCASLAND (1944), J. of Immunology **49**, 315.
CAMPBELL, D. H. and P. A. NICOLL (1940), J. of Immunology **39**, 103.
CARRYER, H. M. and C. F. CODE (1950), Proc. Soc. exp. Biol. a. Med. **73**, 452.
CHANG, HSI-CHIEN, KH. LIM, FEH HUI-YEH, TSU-YUN LIN and SHAO-TSE FUNG (1949), Proc. Soc. exp. Biol. a. Med. **72**, 413.
CHASE, M. W. (1948), The allergic state. In „Bacterial and mycotic infections in man.“, Philadelphia.
CHIGIRA, S. (1941), Japan. exp. Med. **19**, 23, 27.
CLARK, W. G. and E. M. MACKAY (1950), J. Allergy **21**, 133.
CLOETTA, M. und E. ANDERES (1914), Arch. exp. Path. u. Pharm. **76**, 125.
COCA, A. F. (1919), J. Immunology **4**, 223.
COCA, A. F. and M. KOSAKAI (1920), J. of Immunology **5**, 297.
COCA, A. F., E. F. RUSSEL and W. H. BAUGHMAN (1921), J. of Immunology **6**, 387.
CODE, C. F. (1937a), J. Physiol. **89**, 257.
— (1937b), J. Physiol. **90**, 349.
— (1937c), J. Physiol. **90**, 485.
— (1944), Ann. Allergy **2**, 457.
— (1939), Americ. J. Physiol. **127**, 78.
— (1944), Ann. Allergy **2**, 457.
CODE, C. F. and H. R. HESTER (1939), Americ. J. Physiol. **127**, 71.
CODE, C. F. and H. R. ING (1937), J. Physiol. **90**, 501.
CRIVELLARI, C. A. (1927), C. rend. Soc. Biol. Paris **96**, 223.
CRUZ, W. B. and E. M. da SILVA (1949), Proc. Soc. exp. Biol. Med. **70**, 210.

DALE, H. H. (1920), Bull. Johns Hopkins Hosp. **31**, 310.
— (1929), Lancet **216**, 1233, 1285.
— (1936), In J. H. GADDUM, Gefäßerweiternde Stoffe der Gewebe. Leipzig.
DALE, H. H. and P. P. LAIDLAW (1910), J. Physiol. **41**, 318.
DANIELOPOLU, D. (1943), Klin. Wochenschr. **22**, 740.
— (1943a), Phylaxie et choc paraphylactique. Masson, Paris.
— (1946), Phylaxie-Paraphylaxie et Maladie spécifique. Masson, Paris.
— (1948), Schweiz. med. Wochenschr. 567.
DEKANSKI, J. (1945), J. Physiol. **104**, 151.
DERBES, V. J. and W. SODEMAN (1946), Americ. J. Med. **1**, 367.
DOERR, R. (1910), Z. Immunitfschg., Referate, **2**, 49.
— (1913), „Allergie und Anaphylaxie“ in Handb. d. pathog. Mikroorganismen **2**, 947–1154. Jena.
— (1913a), Dtsch. med. Wochenschr. Nr. 24.
— (1914), „Neuere Ergebnisse der Anaphylaxieforschung“. Weichardts Ergebn. S. 257–371.
— (1922), „Die Anaphylaxieforschung im Zeitraume von 1914 bis 1921.“ Weichardts Ergebn. **5**, 73–274.
— (1933), Relazioni Convegno „Volta“, XI. Rom.
— (1947), Das Komplement. Springer-Verlag, Wien.
— (1950), Die Anaphylaxie. Springer-Verlag, Wien.
DRAGSTEDT, C. A. (1945), J. Allergy **16**, 69.
DRAGSTEDT, C. A. and E. GEBAUER-FUELNEGG (1932), Americ. J. Physiol. **102**, 520.
DRAGSTEDT, C. A., J. S. GRAY, A. H. LAWTON and M. RAMIREZ DE ARELLANO (1940), Proc. Soc. exp. Biol. a. Med. **43**, 26.
DRAGSTEDT, C. A. and F. B. MEAD (1936), J. Immunology **30**, 319.
— — (1937), J. Pharmacol. **59**, 429.

DRAGSTEDT, C. A. and M. ROCHA E SILVA (1941), Proc. Soc. exp. Biol. a. Med. **47,** 420.
DRAGSTEDT, C. A., M. RAMIREZ DE ARELLANO and A. H. LAWTON (1940), Science **91,** 617.
DRINKER, C. K. and J. BRONFENBRENNER (1924), J. Immunology **9,** 387.
DZINNICH, A. und M. PÉLY (1934), Arch. f. exp. Path. u. Pharm. **175,** 359.
— — (1934a), Klin. Wschr. S. 699.
— — (1935), Klin. Wschr. 1499.

EBERT, M. K. (1927), Z. Immunitfschg. **51,** 79.
EDLBACHER, S., P. JUCKER und H. BAUR (1937), Z. f. phys. Chemie **247,** 63.

FARBER, S., A. POPE und E. LANDSTEINER jr. (1944), Arch. Path. **37,** 275.
FEINBERG, S. M. (1946), J. Americ. med. Assoc. **132,** 702.
FELDBERG, W. (1941), Ann. Rev. Physiol. **3,** 671.
FELDBERG, W., H. F. HOLDEN and C. H. KELLAWAY (1938), J. Physiol. **94,** 232.
FELDBERG, W. and C. H. KELLAWAY (1937), J. Physiol. **91,** Proc. 2 P.
— — (1937a), Austral. J. exp. Biol. a. Med. Scienc. **15,** 461.
— — (1938), J. Physiol. **94,** 187.
FELDBERG, W. und E. SCHILF (1930), Histamin. Verlag J. Springer.
FIDLAR, E. and E. T. WATERS (1946), J. Immunology **52,** 315.
FRANK, E. D. (1946), J. Immunology **52,** 59.
FRIEDLÄNDER, S., S. M. FEINBERG und A. M. FEINBERG (1946), Proc. Soc. exp. Biol. a. Med. **62,** 65.
FRUTON, J. S., G. W. IRVING and M. BERGMANN (1941), J. biol. Chem. **138,** 249.

GALE, E. F. (1940), Biochem. J. **34,** 392.
GOOD, R. A. (1947), Proc. Soc. exp. Biol. a. Med. **67,** 203.
GOTZL, F. R. and C. A. DRAGSTEDT (1940), Proc. Soc. exp. Biol. a. Med. **45,** 688.
— — (1942), J. Pharmacol. a. exp. Therap. **74,** 33.
GRANA, A. (1946), Proc. Soc. exp. Biol. a. Med. **61,** 192.
GRAND, A. and P. RECARTE (1945), Rev. Soc. Argent. de Biol. **21,** 302.
GROVE, E. F. (1932), J. Immunology **23,** 101.
GUGGENHEIM, M. (1940), Die biogenen Amine. Basel.

HAUROWITZ, F. and M. MUTAHHAR YENSON (1943), J. Immunology **47,** 309.
HEIDELBERGER, M. and F. E. KENDALL (1935), J. exp. Med. **62,** 697.
HESTRIN, S. (1950), J. biol. Chem., zitiert nach S. MIDDLETON und H. H. MIDDLETON.
HEUVEL, G. van den (1949), Proc. Soc. exp. Biol. a. Med. **72,** 249.
HIRAMATSU, N. (1941), Jap. J. Dermat. a. Urology **49,** 304.
HIRSCHFELDER, A. D. (1910), J. exp. Med. **12,** 586.
HOLDEN, zitiert von KELLAWAY und TRETHEWIE, s. das.
HOLTZ und HEISER (1937), Arch. f. exp. Path. u. Pharm. **186,** 377.

IYENGAR, N. K. (1942), Indian J. med. Research. **30,** 467.
JACKSON, I. and B. ROSE (1947), zitiert nach BR. ROSE (1947).
JACQUES, L. B., E. F. FIDLAR, E. F. FELDSTEDT and A. G. MACDONALD (1946), Canad. M. A. J. **55,** 26.
JAQUES, L. B. and E. T. WATERS (1941), J. Physiol. **99,** 454.

KABAT, E. A. (1947), J. Americ. med. Assoc., S. 535.
KABAT, E. A. and M. H. BOLDT (1944), J. Immunology **48**, 181.
KABAT, E. A. and H. LANDOW (1942), J. Immunology **44**, 69.
KARADY, S. and J. S. L. BROWN (1939), J. Immunology **37**, 463.
KATZ, G. (1940), Science **91**, 221.
— (1941), J. Pharmacol. a. exp. Therap. **72**, 22.
— (1942), Proc. Soc. exp. Biol. a. Med. **49**, 272.
KATZ, G. and S. COHEN (1941), J. Americ. med. Assoc. **117**, 1782.
KELLAWAY, C. H. and E. R. TRETHEWIE (1940), Quart. J. exp. Phys. **30**, 121.
KELLET, C. E. (1935), J. Path. a. Bact. **41**, 479.
KEMPF, A. H. and S. M. FEINBERG (1948), J. Allergy **19**, 247.
KNOTT, F. A. and G. H. ORIEL (1930), J. Physiol. **70**, 31.
KULKA, A. M. (1942), J. Immunology **43**, 273.
— (1943), J. Immunology **46**, 235.
KWIATKOWSKI, H. (1943), J. Physiol. **102**, 32.

LEWIS, TH. (1927), The blood vessels of the human skin and their responses. London.
LISSAK, K. und F. WENT (1936), Arch. f. exp. Therap. u. Pharm. **180**, 466.

MANWARING, W. H. and Y. KUSAMA (1917), J. Immunology **2**, 137.
MANWARING, W. H., H. D. MARINO and BEATTIE (1924), Proc. Soc. exp. Med. a. Biol. **21**, 202.
MARCUS, ST. (1947), Proc. Soc. exp. Biol. a. Med. **66**, 181.
MARSHALL, P. B. (1943), J. Physiol. **102**, 180.
MARTIN, J. und A. VALENTA (1939), Arch. f. exp. Path. u. Pharm. **193**, 305.
MARTIN, J. und S. WENT (1939), Arch. f. exp. Path. u. Pharm. **193**, 209.
MAYER, R. L. and D. BROUSSEAU (1941), Proc. Soc. exp. Biol. a. Med. **63**, 187.
MAYER, R. L., D. BROUSSEAU and P. C. EISMAN (1947), Proc. Soc. exp. Biol. a. Med. **64**, 92.
McMASTER, PH. D. and HEINZ KRUSE (1949), J. exp. Med. **89**, 583.
MEHLMAN, J. and B. C. SEEGAL (1934), J. Immunology **27**, 81.
MIDDLETON, S. and H. H. MIDDLETON (1949), Proc. Soc. exp. Biol. a. Med. **71**, 523.
MINARD, D. (1937), Americ. J. Physiol. **119**, 375.
MOLOMUT, N. (1939), J. Immunology **37**, 113.
MOODY, P. A. (1940), J. Immunology **39**, 113.
MOUSSATACHE, H. and V. O. CRUZ (1949), Brit. J. exp. Path. **30**, 506.
MUNOZ, J. and E. L. BECKER (1950), J. Immunology **65**, 47.
MYRHMAN, G. und J. TOMENIUS (1939), Arch. f. exp. Path. und Pharm. **193**, 14.

NACHMANSOHN, D., S. HESTRIN and H. VORIPAIEFF (1949), J. biol. Chem. **180**, 249.
NAKAMURA, K. (1941), Japan. exp. Med. **19**, 31.
NELSON, C. T., CH. L. FOX and E. L. FREEMANN (1950), Proc. Soc. exp. Biol. a. Med. **75**, 181.
NICOLL, P. A. and D. H. CAMPBELL (1940), J. Immunology **39**, 89.
NOLF, P. and M. ADANT (1946), Ann. intern. Pharmakodyn. et Therap. **72**, 93.

OHSUKA, K. (1940), Acta serologica et immunol. **1**, 565.
OJERS, G., C. A. HOLMES and C. A. DRAGSTEDT (1941), J. Pharm. a. exp. Therap. **77**, 33.

OUDIN, J. (1946), Compt. rend. Acad. Sciences **222**, 115.
— (1947), Bull. Soc. chim. biol. **29**, 140.
— (1948), Ann. Inst. Pasteur, Paris **75**, 30, 109.
— (1949), Compt. rend. Acad. Scienc. **228**, 1890.

PARKER, J. F. and F. J. PARKER jr. (1924), J. med. Research. **44**, 263.
PARROT (1939), Presse méd. 1022.
PELLERAT, J. (1945), Trav. Lab. Clin. Dermat. — Recherches sur l'histamine et les antihistaminiques de synthese.
PERLA, D. and S. H. ROSEN (1935), Arch. Pathol. **20**, 222.
PERRY, S. M. and M. L. DARSIE (1946), Proc. Soc. exp. Biol. a. Med. **63**, 453.

QUICK, A. J. (1936), Americ. J. Physiol. **116**, 535.
QUICK, A. J., R. K. OTA and I. D. BARANOFSKY (1946), Americ. J. Physiol. **145**, 273.

RAIMAN, R. J., E. R. LATER and H. NECHELES (1947), Science, 368.
RAMON, G. (1922), C. rend. Soc. biol. Paris **86**, 661, 711.
REDFERN, WILLIAM W. (1926), Americ. J. of Hygiene **6**, 276.
REINERT, M. (1937), Schweiz. med. Wochenschr. 515.
RIDEAL, E. K. and J. H. SCHULMAN (1939), Nature **144**, 100.
ROCHA e SILVA, M. (1939), C. rend. Soc. biol. Paris **130**, 181, 184, 186.
— (1939a), Arq. Inst. Biol. **10**, 93.
— (1940), Arch. f. exp. Path. u. Pharm. **194**, 335.
— (1940a), J. Immunology **38**, 333.
— (1940b), Arch. f. exp. Path. u. Pharm. **194**, 351.
— (1941), J. Immunology **40**, 399.
— (1943), J. Pharmacol. a. exp. Therap. **77**, 198.
— (1944), J. Allergy **15**, 399.
— (1944a), J. Pharmacol. a. exp. Therap. **80**, 399.
— (1946), Arch. Surg. **52**, 523.
ROCHA E SILVA, M. and S. O. ANDRADE (1943), J. biol. Chem. **149**, 9.
ROCHA E SILVA, M. and C. A. DRAGSTEDT (1941), Proc. Soc. exp. Biol. a. Med. **48**, 152.
ROCHA E SILVA, M. and H. E. ESSEX (1942), Americ. J. Phys. **135**, 372.
ROCHA E SILVA, M. and A. GRANA (1946), Arch. Surg. **52**, 719.
ROCHA E SILVA, M., A. GRANA and A. PORTO (1945), Proc. Soc. exp. a. Med. **59**, 57.
ROCHA E SILVA, M., A. E. SCROGGIE, E. FIDLAR and L. B. JAQUES (1947), Proc. Soc. exp. Biol. a. Med. **64**, 141.
ROCHA E SILVA, M. and R. M. TEXEIRA (1946), Proc. Soc. Biol. a. Med. **61**, 376.
ROSE, BRAM (1940), Americ. J. Physiol. **129**, 450.
— (1940a), McGILL. M. J. **10**, 5.
— (1940b), Science **92**, 454.
— (1941), J. Immunology **42**, 161.
— (1947), Americ. J. of Medicine **3**, 545.
— (1946), Camsi J., 11. Oktober.
ROSE, BR. and J. S. L. BROWNE (1938), Americ. J. Phys. **124**, 412.
— — (1941), Americ. J. Physiol. **131**, 589.
ROSE, BR., E. V. HARKNESS and R. P. FORBES (1946), Ann. Report R. Markle Foundation, S. 69.

ROSE, BR. and P. WEIL (1939), Proc. Soc. exp. Biol. a. Med. **42**, 494.
ROSE, J. M., A. R. FEINBERG, S. FRIEDLAENDER and S. M. FEINBERG (1947), J. Allergy **18**, 149.
ROSENTHAL, S. R. and D. MINARD (1939), J. exp. Med. **70**, 415.

SCHIEMANN, O. und H. MEYER (1926), Z. Hyg. **106**, 607.
SCHILD, H. O. (1936), Quart. J. exp. Physiol. **26**, 165.
— (1937), J. Physiol. **90**, 34.
— (1939), J. Physiol. **95**, 393.
SCHWAB, LOUIS, MOLL, HALL, BREAN, KIRK, C. V. HAWN and C. A. JANEWAY (1950), J. exp. Med. **92**, 505.
SCOTT, W. J. M. (1928), J. exp. Med. **47**, 185.
SEELICH, F. (1948), Wiener klin. Wochenschr. Nr. 44, S. 709.
SEELICH, F. und COPPO (1935), Z. Immunitfschg. **85**, 433.
SEELICH, F. und K. NIESSING (1940), Z. Immunitfschg. **98**, 1.
SELLE, W. A. (1946), Texas Rep. Biol. a. Med. **4**, 138.
SPINELLI, A. (1929), Bull. Soc. ital. bioch. sperim. **4**, 937.
STAUB, A. M. (1939), Ann. Inst. Pasteur Paris **63**, 400, 485.
STERNBERGER, L. A. and D. PRESSMAN (1950), J. Immunology **65**, 65.

TAGNON, H. J. (1945), J. clin. Investig. **24**, 1.
TRETHEWIE, E. R. (1942), Austral. J. exp. Biol. a. med. Scienc. **20**, 49.
TROESCHER-ELAM, E., G. ANCONA and W. KERR (1945), Americ. J. Physiol. **144**, 711.
TUM SUDEN, C. (1934), Americ. J. Physiol. **108**, 416.

UNGAR, G. et J. L. PARROT (1936), C. rend. Soc. Biol. Paris **123**, 676.

VOSS, E. A. (1937/38), Z. f. Kinderheilk. **59**, 612.

WAELE, H. DE (1907), Bull. de l'Académie roy. de Méd. de Bruxelles.
WALZER, M. and E. GROVE (1925), J. Immunology **10**, 483.
WATERS, E. T. and J. MARKOWITZ (1940), Americ. J. Physiol. **130**, 379.
WATERS, E. T., J. MARKOWITZ and L. B. JACQUES (1938), Science **87**, 582.
WEICHARDT, W. (1910), Würzburger Abhandl. **11**, Heft 1.
WEIL, R. (1914), J. med. Research. **30**, 299.
WEISER, R. S., O. J. GOLLUB and D. M. HAMRE (1941), J. inf. diseas. **68**, 97.
WEISS, P. (1945), Science **101**, 101.
WELLS, J. A., H. C. MORRIS and C. A. DRAGSTEDT (1946), Proc. Soc. exp. Biol. a. Med. **62**, 209.
WENT, S. und K. LISSAK (1935a), Arch. f. exp. Path. u. Pharm. **179**, 609.
— — (1935b), Arch. f. exp. Path. u. Pharm. **179**, 616.
— — (1936), Arch. f. exp. Path. u. Pharm. **182**, 509.
WENT, S. und J. MARTIN (1939), Arch. f. exp. Path. u. Pharm. **191**, 545.
WERLE, E. (1936), Biochem. Z. **288**, 292.
— (1941), Biochem. Z. **309**, 61.
WERLE, E. und HERRMANN (1937), Biochem. Z. **291**, 105.
WHEELER, A. B., E. M. BRANDON and H. PETRENCO (1950), J. Immunol. **65**, 687.
WILLIAMSON, R. (1936), J. Hyg. **36**, 588.
WILSON, A. (1941), J. Physiol. **99**, 241.
WINTER, L. B. (1944), J. Physiol. **102**, 873.
— (1945), J. Physiol. **104**, 71.

WYMAN, L. C. (1929), Americ. J. Physiol. **89**, 356.
– (1928), Americ. J. Physiol. **87**, 21.
WYMAN, L. C. and C. TUM SUDEN (1929), Americ. J. Physiol. **89**, 152.

ZELLER, A. (1938a), Naturwissensch. **26**, 282, 578.
– (1938b), Helvetica chim. acta **21**, 880, 1645.
ZELLER, E. A., H. BIRKHÄUSER, H. WATTENWYL und R. WENNER (1941), Helvetica chim. acta **24**, 962.
ZELLER, E. A., G. A. FLEISHER, R. A. MCNAUGHTON and J. S. SCHNEPPE (1949), Proc. Soc. exp. Biol. a. Med. **71**, 526.
ZINSSER, H. and J. F. ENDERS (1936), J. Immunology **30**, 327.
ZON, L., E. T. CEDER and C. W. CRIGLER (1939), Public Health Rep. **54**, 928.

Sachverzeichnis.